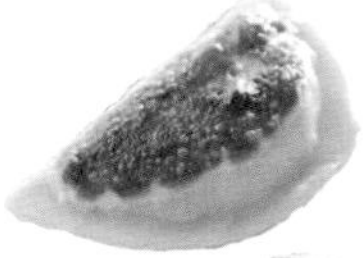

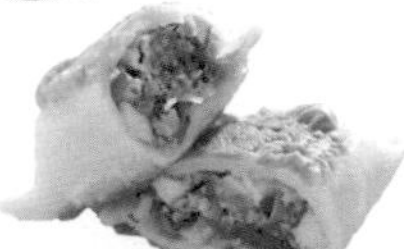

年節伴手禮增加版

第一次做中式麵點

中點新手的不失敗配方

人氣烘焙名師
吳美珠◎著

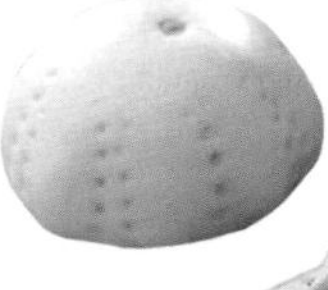

朱雀文化

目錄

\Special/

年節伴手禮增加版

精選伴手禮餅類的五大天王！
手作餅隨時想做就做、想吃就吃，
自嚐送禮再適合不過。

Part 1

麵糊・冷水・燙麵篇

麵糊攪一攪、冷水和一和，熱水燙一燙，
成品輕鬆好上桌！

Index

麵糰・醬汁做法索引

特別將本書會用到的麵糰・醬汁做法
一一列出，讓你更方便找尋。

蘿蔔絲餅

蔥花蛋餅

雙色饅頭

Part 2

發麵篇

時間溫度相配合，發出款款幸福滋味！

Part 3

油皮油酥&油炸篇

細擀摺捲多變化，裹出層層美味！

閱讀本書食譜前

本書為顧及老師原創，均按老師所提供之配方。調味料中的味精，若讀者有所顧慮，可自行以糖來調整。

蔥油餅

十穀米饅頭

火腿蔥花花卷

中式麵點常見使用材料／工具

麵粉類

低筋麵粉

蛋白質含量7～9%，筋性較低，常用來製作蛋糕與餅乾，添加於中式麵食配方中為了降低筋度。

中筋麵粉

中式麵食最主要使用的麵粉，筋姓適中，蛋白質含量9～12%，又稱粉心麵粉。

高筋麵粉

蛋白質含量約11～13%，又稱麵包麵粉，筋性高，可做出Q軟適中的麵包，常用來作為防黏的手粉。

糖類

細砂糖

較一般砂糖為細，製作西點蛋糕攪拌較易溶解均勻，是做烘焙常使用的糖。

麥芽糖

又稱水麥芽，糖度約80%，軟硬適中非常好操作，呈現透明狀。

二砂糖

含有少量焦糖，於烘焙時需要特別香味而無色澤的影響時可代替細砂糖使用。

黑糖

又稱紅糖，有濃濃的糖蜜及蜂蜜香味，用於風味較重的黑糖蛋糕或麵食中。

糖粉

由特砂研磨成粉狀，糖粉內約有3%澱粉防止結塊，常用來做鬆軟的西點餅乾。

油脂類

沙拉油

為液態油，烘焙時亦可用橄欖油、清香油或液態奶油代替，份量相同，於中式麵食中大致用來使麵糰有層次，或加於餡料中增加滑潤度。

白油

用植物油脫色脫臭經氫化使成白色固體的油脂，溶點較高，成本低，在產品中只有潤滑作用無特殊香味。

無水奶油

又稱酥油，如進口酥油是由天然奶油脫水而成，製作中式點心不僅有酥脆效果，風味亦佳。

豬油

由豬的脂肪熬煉，有特殊的豬油香，做酥皮類的中式點心乳化效果好，風味佳。

奶油（含鹽）

由牛奶中提煉出來，有天然的奶香味，溶點較低，化口性好，含水分約16%，蛋奶素者可食用

無鹽奶油

有人喜歡用無鹽奶油，然後在烹飪或是做點心時額外再加鹽。

膨脹劑

速溶乾酵母

為最常用的酵母，取得容易，中式麵食和麵包均使用此酵母，呈細顆粒狀，用量約1～1.5%，做麵食時先與配方中水分拌融化使用。

新鮮酵母

含水分呈塊狀，使用時不需加水溶化，用量為速溶乾酵母3倍，因含水分保存期限較短，冷藏約30天。

泡打粉

基本作用為使產品膨大，可改善產品組織顆粒及每一個氣室的組織。

燒明礬

用來促進蘇打粉產生二氧化碳，蘇打粉屬鹼性，於酸性中較中性反應更佳。

小蘇打

呈細白粉末狀，遇水和熱或其他酸性中和，可放出二氧化碳，常用於酸性較重的蛋糕及小西餅配方中。

配料類

十穀米

由十種五穀雜糧混合而成，富含膳食纖維、礦物質，雜糧行均有售。

烤金黃胚芽粉

由生胚芽粉用烤箱烤至金黃有香味。

白芝麻 / 黑芝麻

於烘焙點心中做為裝飾或增加香味之用，亦有其特殊營養價值。

黃金麥香粉

由烤熟小麥再研磨而成，加於麵食中，具特殊香味及營養，須冷藏保存。

烤熟麩皮

由生麩皮烤至具焦香味而成，具有豐富粗纖維促進腸胃蠕動。

細地瓜粉

由地瓜粉再研磨成更細緻粉末，使用時較易調勻。

餡料篇

紅豆沙粒餡

由紅豆熬煮而成含糖無油，內有顆粒，口感佳，烘焙材料行均有售。

綠豆沙餡

由綠豆仁熬煮而成，呈塊狀，使用時須攪拌或揉成綿細狀，不喜鬆散者可加入奶油攪拌，使口感較滑細。

基本工具

桌上可分離攪拌機

初學者必備的機種之一，在打麵糰時可以省下不少力氣。

球狀攪拌器

用來打發蛋白或鮮奶油等乳沫狀材料。

勾狀攪拌器

用來攪拌筋性較強或較硬之麵糰。

槳狀攪拌器

用來攪拌麵糰或餡料餅乾或奶油霜。

壓麵機

取代手工擀麵之動作，可快速反覆將麵糰壓均勻以利整形。

量杯

簡易定量工具，材質多樣化，可供選擇。

過篩器

過篩器用來篩濾粉料或流質材料，是絕不可少的工具。

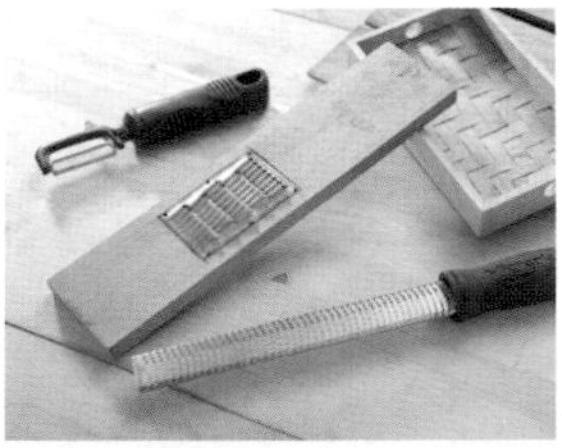

刨刮用具

刨絲、去皮不可少的必備工具。

刮刀／切麵刀

刮刀用來刮除桌面麵糊或刮缸或原料整形；切麵刀則是用來分割麵糰使用。

襯紙

襯於模具與麵糊之間防止沾黏。

烘焙紙

墊於饅頭麵糰之下防止蒸時之沾黏。

蒸籠

蒸食材用，有竹製、鋁合金與不鏽鋼材質。

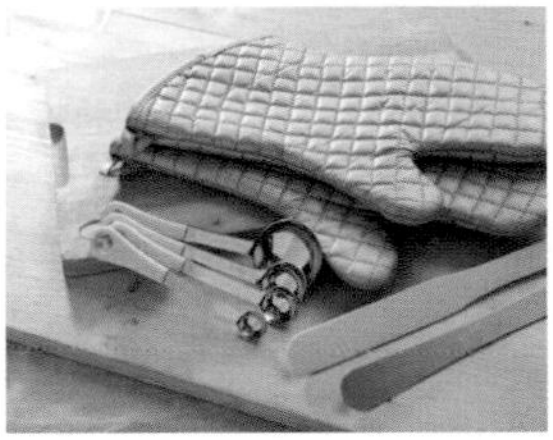

量匙／包餡匙／隔熱手套

包餡匙用來包餡用，現均為不鏽鋼材質；量匙可以正確測量材料的份量；隔熱手套在出爐時一定用得到，建議買長的，避免手肘燙傷。

擀麵棍

擀麵用，粗細大小視個人需求。

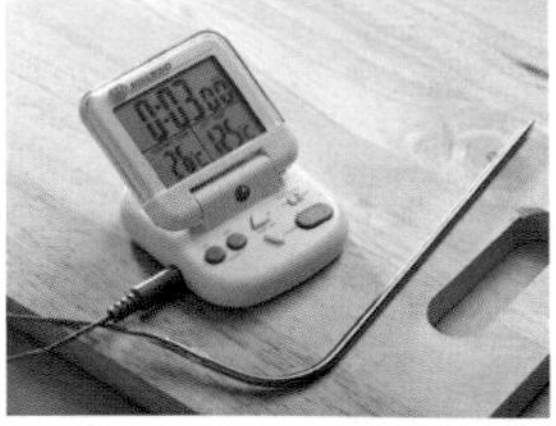

溫度計

依使用目的不同，功能性也大不相同。也因溫度區間範圍的差異，衍生多種材質製品。

刀具

刀具有不同使用方法，由上至下分別是：肉片刀、水果刀、剁刀。

電子秤

正確的比例與重量，有賴於精準的磅量，一般1kg./10g.精度已經足夠，若想再追求完美，也可以選100g./1g.的。

Part 1

麵糊・冷麵・燙麵篇

麵糊攪一攪，冷水和一和，熱水燙一燙，
成品輕鬆好上桌！

今天想吃點什麼？
清淡爽口的蔥花蛋餅？
QQ口感的黑糖糕？
一碗彈力十足的肉燥麵？
一塊脆中帶軟的蔥油餅？
立刻動手一起做吧！
讓有趣的麵糰，
無限延伸麵粉的可能性，
滿足味蕾的幸福！

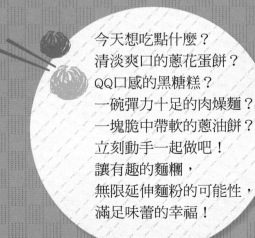

蔓越莓發糕

粉紅色的發糕，真誘人！好想吃噢！

成品：10個

材料

水	270g.
細砂糖	200g.
低筋麵粉	330g.
泡打粉	10g.
草莓色素	5滴(適量)
蔓越莓乾（切碎）	100g.

吳老師小叮嚀

1. 發粉雖有市售發糕專用，但泡打粉膨脹效果更好。
2. 可以用手輕壓發糕面為有彈性，或以竹籤刺入，若沒有麵糊沾黏，即表示已經蒸熟。

做法

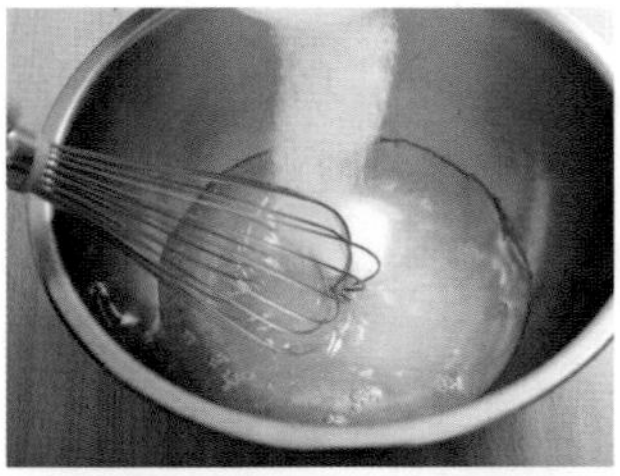

1
細砂糖加水混合均勻，攪拌至糖融化。

2
草莓色素加入糖水中拌勻。

3
低筋麵粉、泡打粉過篩備用。

4
過篩好的麵粉及泡打粉，加入糖水中，攪拌成均勻麵糊。

5
麵糊入模大約到9分滿。

6
放上切碎的蔓越莓乾。

7
蒸鍋內裝水，水滾後，蔓越莓麵糊放入蒸鍋內，以中火蒸大約15分鐘。

沖繩黑糖糕

濃濃的黑糖味，甜而不膩，濃郁軟Q的好口感！

成品：23x23x5公分 正方模

材料

全蛋	240g.	糖漿	
黑糖	165g.	水	50g.
沖繩黑砂糖漿	10g.	黑糖	50g.
小蘇打	2g.		
低筋麵粉	180g.		
泡打粉	3g.		
熟白芝麻	少許		

做法

1
水、黑糖放入盆中，煮至黑糖融化成濃稠黑糖水冷卻備用。

2
全蛋打散，加入黑糖165g.，以球形攪拌器約打8分鐘，至呈淡咖啡色的黑糖蛋漿。

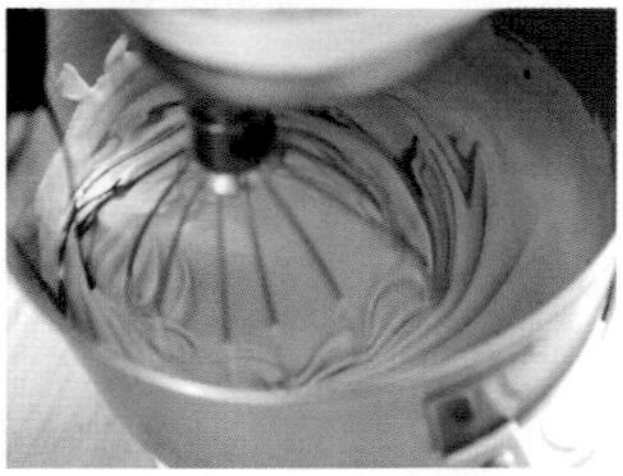

3
黑糖水與沖繩黑砂糖漿加入黑糖蛋漿中拌勻。

4
小蘇打、低筋麵粉、泡打粉過篩拌入，以低速攪拌均勻。

5
打發麵糊裝入模型中，裝至約8分滿。

6
移入滾水蒸鍋，以中小火蒸25分鐘至輕壓有彈性即可。

7
蒸好後馬上灑上熟白芝麻即可。

紅糖發糕

發發發，一路發，發到大家笑哈哈！

成品：9個

材料

低筋麵粉	300g.
水	240g.
紅糖	180g.
發糕發粉	9g.

吳老師小叮嚀

1. 市售專用發粉膨脹裂口大，有別一般泡打粉。
2. 充份拌勻，蒸出來的組織會較細緻。
3. 大小杯蒸熟的時間略有差異，越大杯時間需要越久，可以竹籤刺入抽出，若無麵糊沾黏即是蒸熟。

做法

1 紅糖和水放入大盆中，以打蛋器攪拌至混合均勻。

2 低筋麵粉、發粉過篩。

3 過篩後的粉類倒入混合均勻的紅糖水中。

4 粉類與紅糖水以打蛋器攪拌均勻。

5 麵糊倒入裝好襯紙杯的杯模內，大約裝至9分滿。

6 蒸鍋中水滾後，放入杯模，蓋上蓋子以中火蒸約15分鐘至熟透。

QQ黑糖糕

咬下一口，Q彈的口感，真是太棒了！

成品：20x20x5公分正方模

材料

紅糖	210g.
水	250g.
低筋麵粉	225g.
樹薯粉	100g.
泡打粉	18g.
烤熟黑白芝麻	30g.

吳老師小叮嚀

1. 模型不可用太深，也就是說麵糊不可以太厚，否則容易蒸不熟。
2. 蒸熟趁表面有水氣，要即刻撒上芝麻，否則會沾不住易掉。

做法

1 紅糖與水倒入鋼盆中，以打蛋器攪拌均勻。

2 低筋麵粉、樹薯粉、泡打粉過篩兩次，加入紅糖水中。

3 攪拌成均勻麵糊，麵糊置於盆內靜置鬆弛20分鐘。

4 鬆弛後再次攪拌均勻。

5 將麵糊倒入鋪上烘焙紙的正方形模中。

6 蒸鍋水滾後放入烤模，以中小火蒸20～25分鐘，熟後取出撒上烤熟黑白芝麻。

蔥花蛋餅

Q彈有嚼勁，一片接一片！

成品：約15片

材料

中筋麵粉	300g.
冷水	450g.
全蛋	120g.
鹽	7g.
樹薯粉	25g.
乾燥蔥末	適量

吳老師小叮嚀

1. 麵皮厚薄與濃稠度有關，如想要較薄的皮，則水份可以增加。
2. 平底鍋加熱後要離火，再倒入麵糊，否則在火上會熟掉，轉不開成大圓形。

做法

1
全部材料以打蛋器攪拌均勻。

2
麵糊如果結粒，以過篩網過篩成均勻麵糊備用，靜置約20分鐘

3
麵糊加入少許乾燥蔥花拌勻。

4
平底鍋加熱離火，倒入一大匙麵糊。搖轉鍋子使麵糊平鋪，小火烙至脫離鍋子即熟。

5
平底鍋燒熱，倒入少許油，倒入拌蔥花的蛋液，蓋上餅皮。

6
翻面再烙至呈金黃色，捲起切塊，淋上醬油膏即可。

白麵條

彈牙的好口感，搶翻天的好滋味！

成品：約80g.x10球

材料

中筋麵粉	600g.
水	200g.
鹽	6g.
蛋白	30g.
細地瓜粉	30g.
樹薯粉（防黏用）	少許

吳老師小叮嚀

1. 剛壓麵時，麵片破碎是正常的，再反覆壓幾次就會光滑了。
2. 有電動馬達壓麵機或加購馬達，做時較省力輕鬆。
3. 若是家中沒有壓麵機，也可以擀麵棍將麵糰擀壓成0.3公分的麵皮，只是需費時較久。
4. 家中沒有切麵機，也可以用利刀切。

做法

1
中筋麵粉、細地瓜粉放入缸盆中，加入蛋白。

2
鹽與水混合均勻，加入麵粉中，混合攪拌成鬆散麵片狀。

3
麵片略為整型成糰狀，蓋上保鮮膜後鬆弛20分鐘以上。

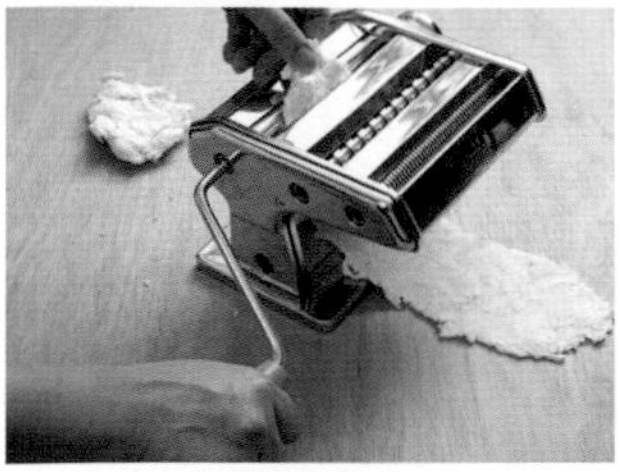

4
以壓麵機不斷將麵糰反覆擀壓。

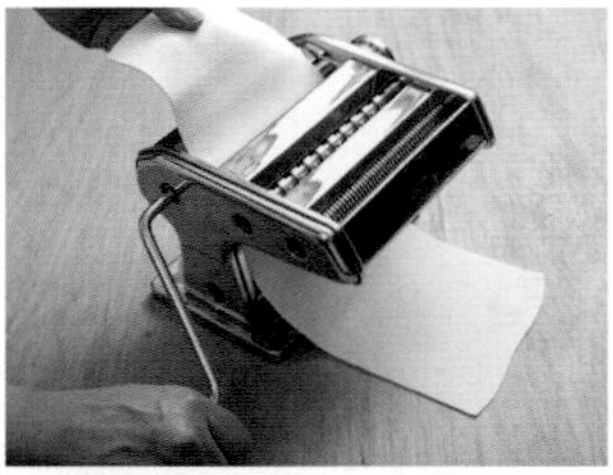

5
擀壓後的麵糰會逐漸變光滑，一直壓成至0.3公分的光滑麵皮。

6
麵皮沾點樹薯粉防黏。

7
以切麵機將麵皮切成細方形麵條，長度約20～30公分。

8
麵條壓切後若不馬上吃，可撒粉後捲成坨狀，入冷凍庫冰凍，可保存3～4週。

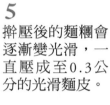

肉燥醬汁

白麵條的好搭檔1

成品：
約15人份

材料

沙拉油	60g.
紅蔥頭(切片)	80g.
豬絞肉	600g.
蝦米	30g.
甜麵醬	30g.
水	1000g.

調味料

糖	10g.
鹽	6g.
醬油	50g.
胡椒粉	2g.

做法

1. 鍋中放入沙拉油，將紅蔥頭爆香。
2. 加入豬絞肉炒至出油。
3. 加入蝦米拌炒，續加入甜麵醬、調味料及水煮沸後，轉小火繼續煮30分鐘即成。

◎做肉燥乾麵，將麵條煮熟，搭配適量的豆芽菜和韭菜即成肉燥麵。

◎肉燥醬汁完成放涼後，可分裝成小份，置於冷凍庫保存約1個月。

蝦油醬汁

白麵條的好搭檔2

成品：
約1人份

材料

豬油	1.5小匙
蝦油	1小匙
醬油膏	1小匙
味精	半小匙
油蔥酥	一大匙
熱湯水	1.5大匙

做法

調味料放入麵碗中，加入油蔥酥，以熱水拌勻備用。

◎拌麵時，將麵條煮熟，搭配適量蔥花、青菜、小黃瓜絲、豆芽菜及辣椒，即成美味的蝦油乾拌麵。

◎因為十分簡單，可以現調現用即可。

油麵條

QQ口感，做湯麵還是拌涼麵，都非常美味。

成品：約10人份

材料

水	210g.
鹽	6g.
鹼水	12g.
黃色色素	適量
細地瓜粉	30g.
中筋麵粉	600g.
沙拉油拌油	40g.

吳老師小叮嚀

1. 色素可用胡蘿蔔素或少量胡蘿蔔汁代替。
2. 鬆弛時用保鮮膜或塑膠布蓋上亦可。

做法

1
水、鹽、鹹水加上黃色素混合均勻成黃鹼水備用。

2
地瓜粉、中筋麵粉過篩後，加入黃鹼水。

3
混合攪拌成均勻的麵片備用。

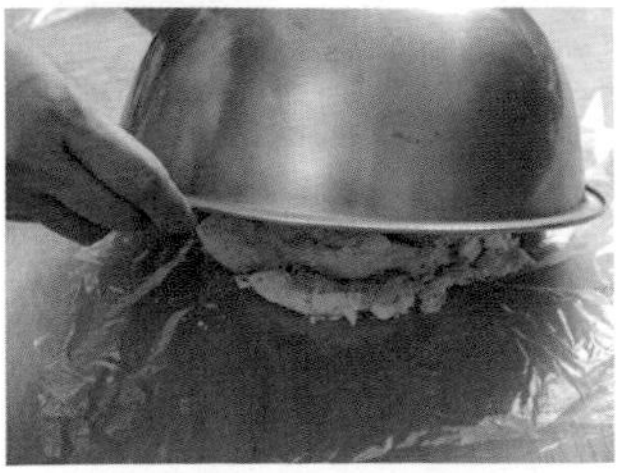

4
麵片略整成糰，將缸盆倒扣於桌上，讓麵糰鬆弛20～30分鐘以上。

5
以壓麵機將鬆弛過後的麵糰反覆壓成0.3公分的光滑麵皮。

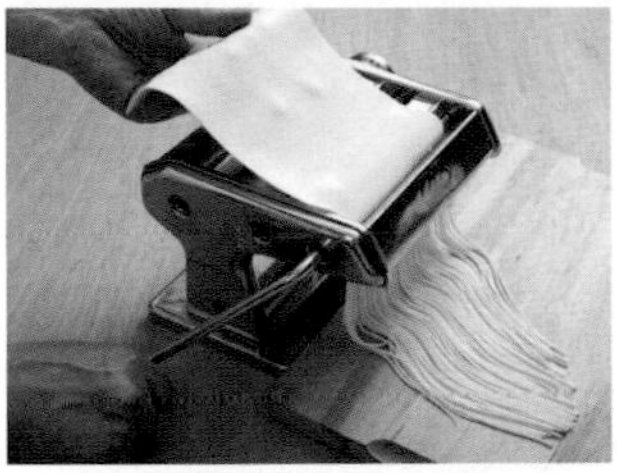

6
以壓麵機將麵皮切成約長20～30公分細麵條。

7
麵條量10倍以上的水煮沸後，入麵條煮約40～50秒，撈出立刻以冷水沖涼。

8
瀝乾後吹風加適量沙拉油拌勻。

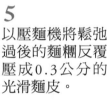

日式涼麵醬汁

油麵的好搭檔1

成品：
約6人份

材料

柴魚醬油	100g.
味霖	40g.
乾昆布	8g.
柴魚片	4g.
開水	150g.

做法

1. 乾昆布洗淨切段。
2. 所有材料秤好備用。
3. 材料倒入湯鍋中，煮滾出味後，過濾冷卻冷藏隨時取用。

◎冰涼之油麵麵條置盤中，淋上日式醬汁後，撒上七味粉，再放上海苔絲點綴，即是日式涼麵。

◎日式醬汁做好可裝入玻璃瓶，置於冰箱冷藏約5天。

油麵的好搭檔2

芝麻涼麵醬汁

成品：
約10人份

材料

白芝麻醬	90g.
醬油	18g.
細砂糖	18g.
味精	1g.
白醋	10g.
香麻油	10g.
鹽	2g.
冷開水	300g.

做法

1. 所有材料（除冷開水及辣椒油外）放入大碗中，以打蛋器混合均勻。
2. 冷開水徐徐加入，調整自己想要的濃稠度。嗜辣者可加辣椒油，即是芝麻醬汁。

◎冰涼油麵麵條置盤中，排上小黃瓜絲、蘿蔔絲、綠豆芽、火腿絲及蛋皮絲等配料，淋上芝麻醬，即是芝麻涼麵。

◎芝麻醬汁做好可裝入玻璃瓶，置於冰箱冷藏約5天。

油麵的好搭檔3

哇沙米醬汁

成品：
約3~5人份

材料

哇沙米粉	10g.
冷開水	20g.
沙拉醬	40g.
蒜泥	15g.
冷開水	50g.

做法

1. 哇沙米粉加入冷開水拌勻，包保鮮膜約10分鐘使其出味。
2. 加入沙拉醬拌勻。
3. 再加入新鮮蒜泥拌勻，冷開水慢慢加入，調整成想要的濃稠度，即是哇沙米醬汁。

◎冰涼之油麵麵條置盤中，撒上熟芝麻，加上苜宿芽，淋上醬汁，一旁放上小黃瓜絲，即是哇沙米涼麵。

◎哇沙米醬汁可裝入玻璃瓶，置於冰箱冷藏約5天。

油麵的好搭檔4

泰式涼麵醬汁

成品：
約10人份

材料

洋蔥	30g.
蒜仁	30g.
中型紅辣椒	2條
檸檬汁	150g.
蝦油	50g.
鹽	4g.
椰糖	100g.

做法

1. 洋蔥、蒜仁、紅辣椒加冷開水放入調理機或果汁機打成辛香料液備用。
2. 辛香料液去汁後，加檸檬汁、蝦油、鹽、椰糖拌勻，即是泰式涼麵醬汁

◎冰涼之油麵麵條置盤中，放上小黃瓜絲、火腿絲及香菜，淋上醬汁，即是泰式涼麵。

◎泰式涼麵醬汁可裝入玻璃瓶，置於冰箱冷藏保存約5天。

餛飩湯

一碗餛飩湯，一頓美味的幸福！

材料　成品：約12碗

細豬絞肉	800g.
鹽	8g.
香麻油	5g.
味精	6g.
細砂糖	15～20g.
胡椒粉	1g.
蛋	30g.
太白粉	10g.
蝦米(剁碎)	15g.

吳老師小叮嚀

餛飩湯煮法

水12碗煮滾加入鹽、味精、蝦油，放入餛飩以小火煮至浮起，裝碗放入海苔絲、芹菜珠、香菜及油蔥酥，加上小白菜及蛋皮絲即可上桌。

做法

1 絞肉先以菜刀剁碎，加鹽拌勻至有黏性，加入調味料拌勻，蝦米爆香剁碎備用。

2 剁好的蝦米，連同打散的蛋一同加入肉餡拌勻，冷藏2～3小時。

3 取市售餛飩皮，包上肉餡，即可煮食。

餛飩包法

1 肉餡取適量放在餛飩皮中央。

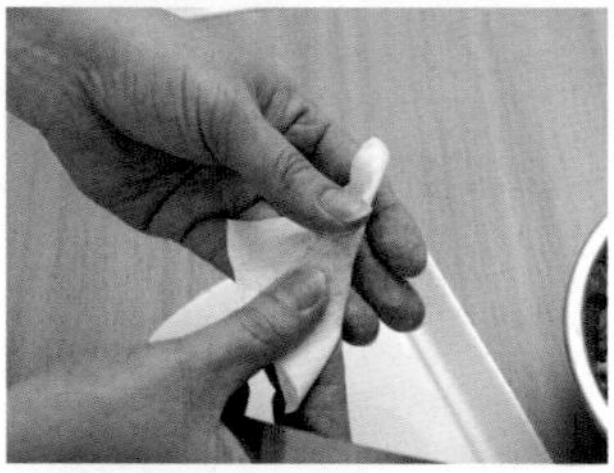

2 餛飩皮斜角對折，成三角形狀。

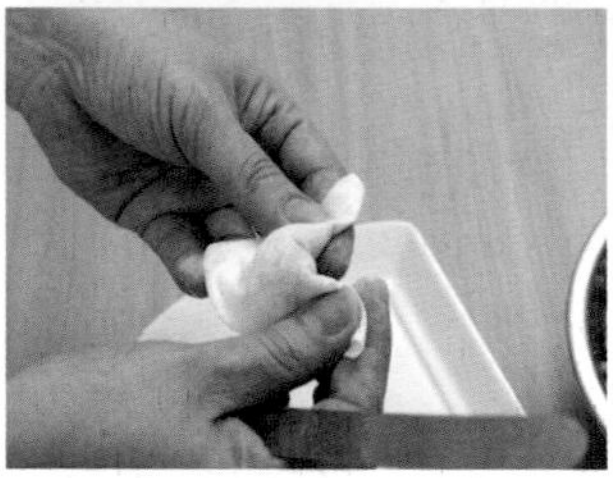

3 三角形最大邊兩角互折。

4 沾少許水，將兩角互疊在一起，整型成元寶狀。

高麗菜肉煎餃

方便又快速，宵夜、正餐的好選擇！

成品：約140個

材料

餃子皮（冷水麵）

水	450g.
鹽	9g.
中筋麵粉	900g.

內餡

豬絞肉	650g.
鹽	10g.
醬油	15g.
味精	5g.
細砂糖	12g.
水	100g.
香麻油	20g.
蔥末	130g.
薑泥	40g.
高麗菜末	1000g.
鹽	4g.

麵粉水

中筋麵粉	40g.
水	800g.

做法

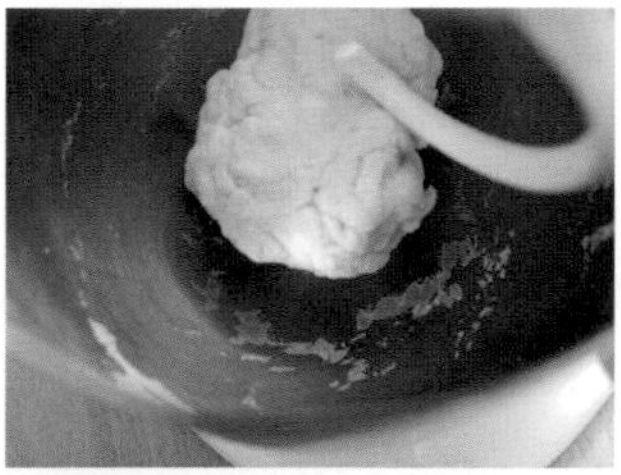

1 製作餃子皮
麵粉放入攪拌缸中，加入混合均勻的鹽水，以攪拌器攪拌至麵糰呈光滑狀。

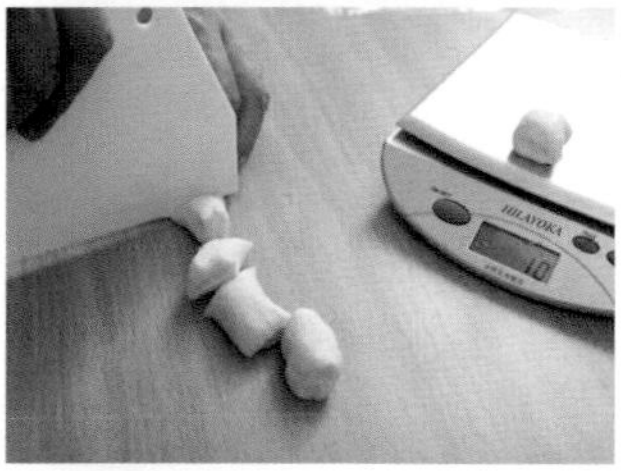

2
取出麵糰，鬆弛15分鐘，將麵糰搓成長條狀，切小塊約10g.。

3
小麵糰以手掌壓平後，以細擀麵棍擀成中間厚、旁邊薄約8公分圓麵片。

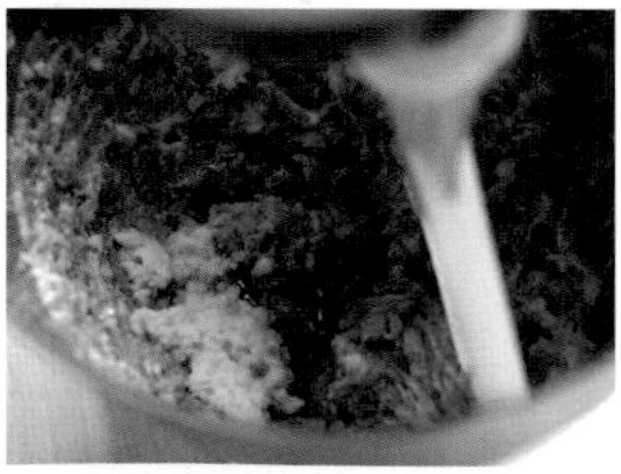

4 製作內餡
絞肉加鹽，攪拌至有黏性，加入調味料拌勻。

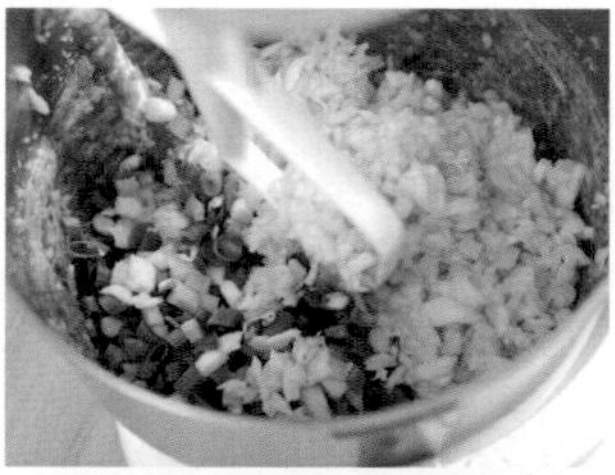

5
高麗菜末加鹽略醃擠出水份，可得約700g.脫水菜末，拌入肉餡冷藏2小時。

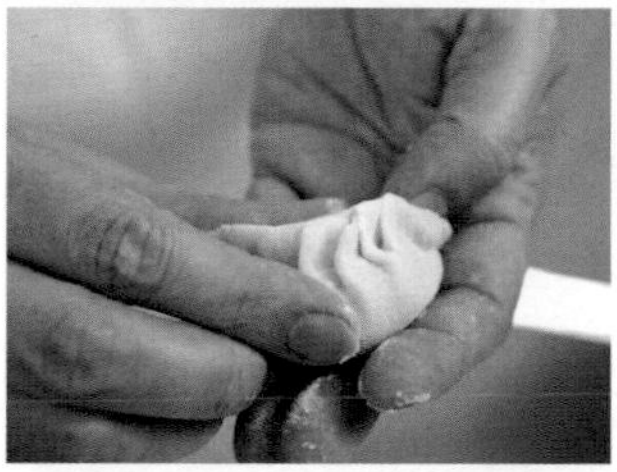

6
擀好的圓麵片，包約12g.餡料，右手將前半圓麵皮一折一折捏緊成半月形。

7
中筋麵粉加水調勻成麵粉水備用，平底鍋燒熱，加入油，將餃子排入。

8
加入麵粉水，以中小火煎10～15分鐘至有彈性，底部呈金黃薄麵皮即可。

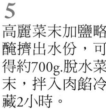

韭菜水餃

韭香四溢，顆顆鮮甜，飽滿多汁！

成品：約120個

材料

餃子皮（冷水麵）

水	400g.
鹽	8g.
中筋麵粉	800g.

內餡

綠韭菜	1000g.
五花絞肉	600g.
細砂糖	30g.
鹽	20g.
味精	15g.
香油	20g.

吳老師小叮嚀

餃子內餡做法

1. 絞肉以攪拌器攪拌至有黏性，加入鹽、調味料混合均勻。
2. 韭菜洗淨瀝乾，切0.5公分小段，倒入絞肉中，攪拌至菜軟，即冰入冰箱冷藏2～3小時。

做法

1 製作餃子內餡
做法請見「吳老師小叮嚀」。

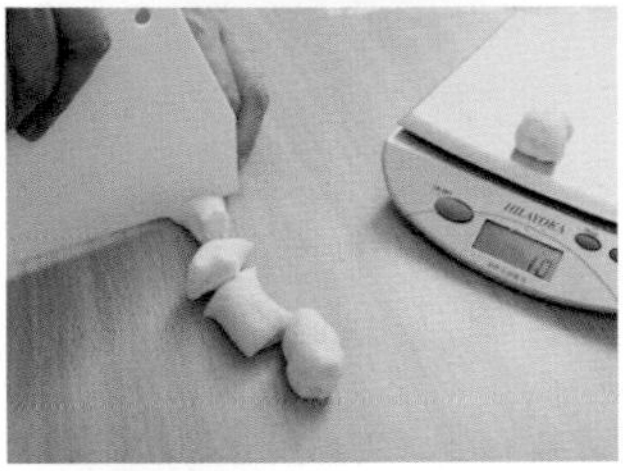

2 製作餃子皮
本麵糰為冷水麵糰，做法請見P.48，麵糰搓成長條，鬆弛15分鐘，切成每塊10g.。

3
小塊麵糰以手壓平後，再以細擀麵棍擀成中間厚旁邊薄約8公分水餃皮備用。

4
水餃皮加入冷藏好的韭菜餡約12g.。

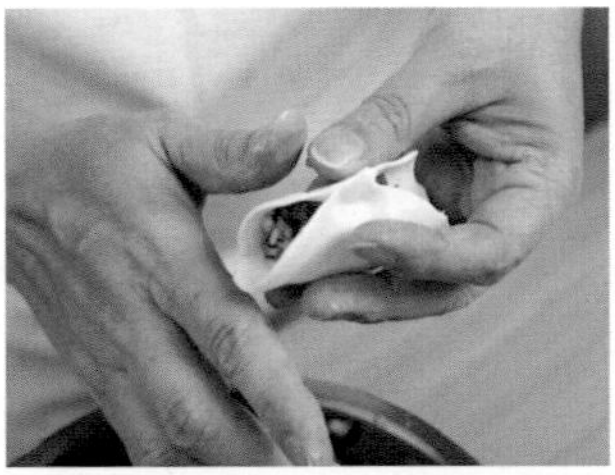

5
皮由中間對捏。

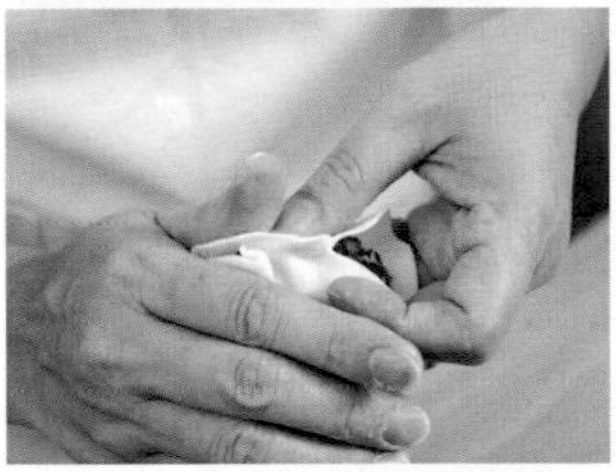

6
雙手虎口捏住左右兩邊的皮，打折稍微捏一下。

7
雙手將兩邊打折的皮，用力捏緊，兩手併起，餃子即成元寶狀。

8
將包好的水餃置於撒粉的工作桌上或托盤備用。

蔥油餅

煎得香酥，鹹鹹蔥香，教人吃上癮！

成品：14片

材料

麵疙瘩（燙麵）		調味料（每片）	
中筋麵粉	800g.	沙拉油	1/4小匙
沸水	320g.	糖	少許
冷水	280g.	鹽	1/4小匙
蔥花	150g.	白芝麻	適量

做法

1 製作餅皮
本麵糰為燙麵麵糰，做法請見P.48，將麵糰分割成14小塊，每塊100g.。

2
小麵糰搓圓後鬆弛30分鐘。工作台上抹油，放上塑膠袋，麵糰至於袋內。

3
以擀麵棍慢慢將麵糰擀開，成為薄麵皮。

4
鹽加糖混合均勻，麵皮刷油，抹上混合均勻的鹽加糖，撒上適量蔥花。

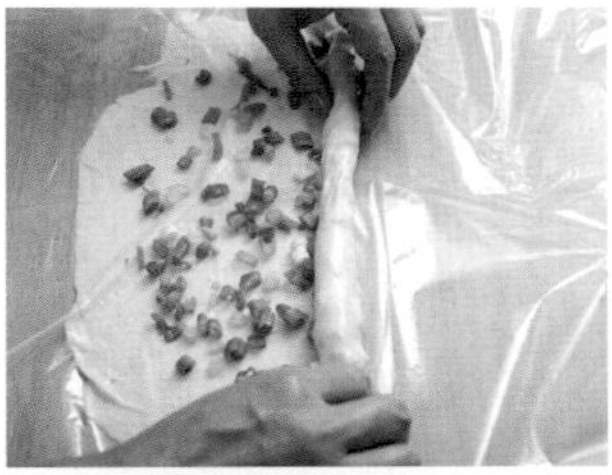

5
由上往下慢慢地捲起。

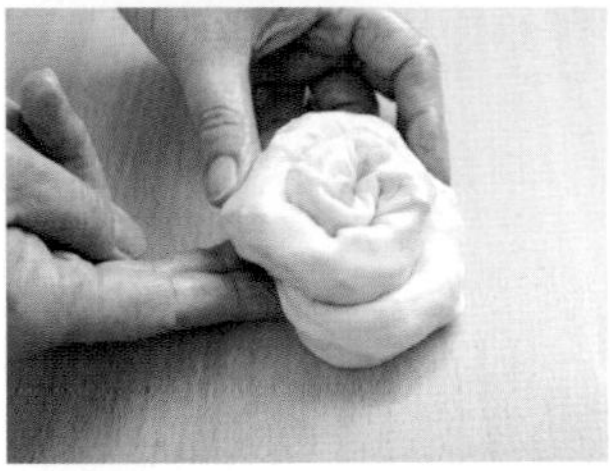

6
將捲成長條的麵糰捲成車輪狀，收口往內塞。

7
表面撒少許白芝麻，再鬆弛約30分鐘。

8
將麵糰以手壓平，再以擀麵棍擀平，以用平底鍋煎至呈金黃。

鮪魚玉米蛋餅

輕鬆好做，營養滿分的早餐好選擇！

成品：約20片

材料

蛋餅皮（燙麵）		餡料（每份）	
中筋麵粉	800g.	鮪魚罐頭	1/3罐
鹽	15g.	玉米粒	1大匙
沸水	400g.	蛋	1顆
冷水	200g.	蔥花	適量
		鹽	適量

吳老師小叮嚀

1. 蛋餅皮軟硬度可自行加冷水調整。
2. 麵糰鬆弛過，筋性變軟，擀開較容易。

做法

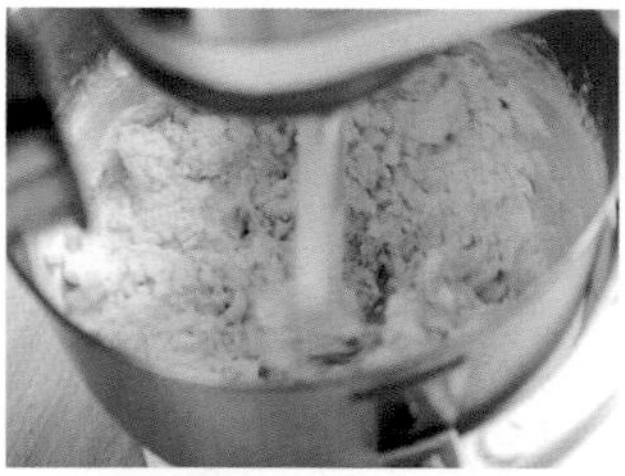

1 製作餅皮
中筋麵粉加鹽拌勻，倒入沸水攪拌至呈碎麵片狀。

2
加入冷水再拌至光滑。

3
麵糰取出鬆弛20分鐘後，分割成每個70g.。

4
小麵糰滾圓再鬆弛20分鐘。

5
小麵糰擀成約25公分之薄麵皮。

6
平底鍋加熱放少許油，放入麵皮煎熟至呈金黃色。

7 製作蛋餅
蔥花拌蛋加鹽，放入加油的平底鍋煎至半熟，加上鮪魚、玉米粒，蓋上熟麵皮，翻面捲起切塊。

麵疙瘩

可當點心的平民美食，美味極了！

成品：約8碗

材料

麵疙瘩（燙麵）		湯頭調味	
中筋麵粉	500g.	水	8碗
細地瓜粉	170g.	雞粉	15g.
太白粉	75g.	鹽	10g.
細砂糖	40g.	糖	3g.
全蛋	40g.	蝦油	1大匙
沙拉油	30g.		
熱水	180g.		
冷水	少許		

做法

1
粉類及細砂糖放入大盆中，沖入熱水慢慢拌勻。

2
加入全部的蛋均勻混合後，加入沙拉油再拌勻。

3
以適量冷水調整軟硬度，以手搓揉呈麵糰狀，鬆弛約20分鐘備用。

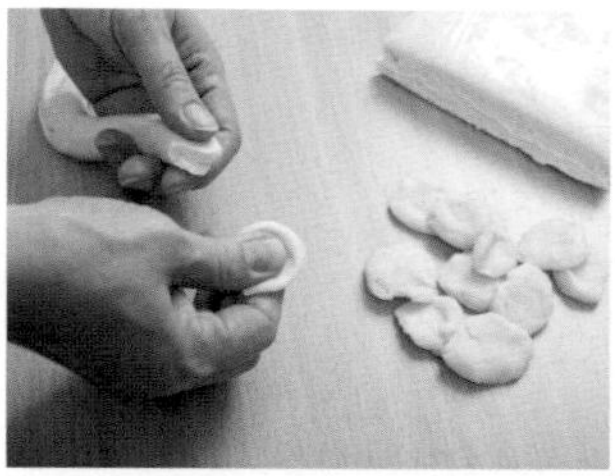

4
麵糰搓成長條，以手捏成一塊塊小糰塊，小糰塊壓扁，沾粉防黏備用。

5
麵疙瘩煮好，加上煮好的配料，即可上桌。

吳老師小叮嚀

麵疙瘩煮法：

8碗水加入雞粉、鹽、糖、蝦油煮滾，麵疙瘩另外煮好，加入湯中，放入油蔥酥、芹菜珠、香菜及綠韭菜段。

鍋貼

外皮煎酥不油膩，好吃！

材料　成品：約60個

餃子皮（燙麵）		內餡		調味料			
中筋麵粉	360g.	白韭菜	600g.	細砂糖	20g.	蛋白	1個
沸水	140g.	五花絞肉	300g.	鹽	10g.	薑泥	15g.
冷水	100g.			味精	5g.	青蔥	50g.
鹽	3g.	麵粉水		柴魚粉	5g.		
		中筋麵粉	40g.	雞粉	5g.		
		水	800g.	香麻油	10g.		
				胡椒粉	2g.		

做法

1 製作餃子內餡
絞肉與鹽拌至有黏性，加調味料拌勻。韭菜切小段醃鹽軟化，加入絞肉拌至菜軟，冷藏備用。

2 製作餃子皮
本麵糰為燙麵麵糰，做法請見P.48，麵糰揉成長條，切成每塊10g.。

3
小塊麵糰以手壓平後，再以細擀麵棍擀成中間厚旁邊薄約8公分的餃子皮備用。

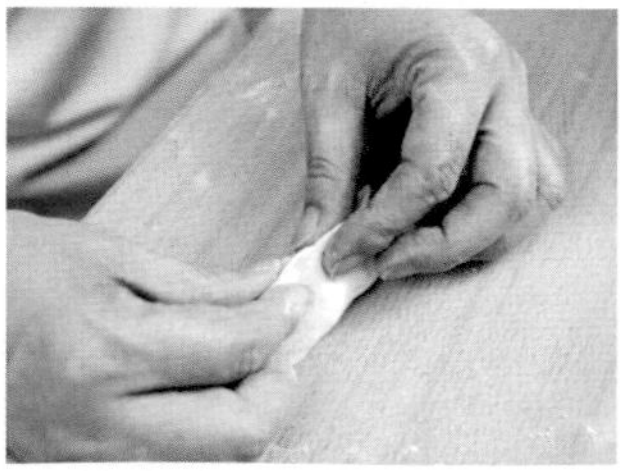

4
餃子皮包入約15g.餡料，上下兩邊捏合。

5
尾端餃子皮往內壓縮。

6
麵粉加水混合成麵粉水備用，平底鍋加熱，倒入少許油，排入餃子略煎。

7
加入麵粉水至約餃子一半高度，蓋上鍋蓋。

8
以中小火煎至無水份，再淋上少許油煎至底部呈金黃酥脆狀。

韭菜盒

料好實在，好吃得令人難忘。

成品：約22個

材料

韭菜盒皮（燙麵）

中筋麵粉	550g.
沸水	220g.
冷水	140g.

韭菜餡

絞碎豬肉	350g.
鹽	8g.
香麻油	20g.
味精	3g.
醬油	10g.
水或高湯	50g.
沙拉油	15g.
青蔥花	50g.
薑末	15g.
細段綠韭菜	350g.
乾冬粉絲(泡水)	45g.
五香小豆干	50g.
蛋皮	60g.
蝦皮(炒香)	20g.

做法

1 絞肉加鹽拌至有黏性，加入調味料拌勻冷藏，拌入蔥花、韭菜、冬粉等即可。

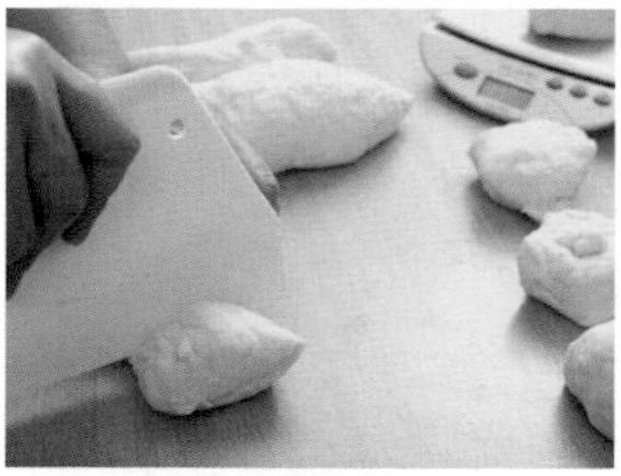

2 **製作韭菜盒皮**

本麵糰為燙麵麵糰，做法請見P.48，分成每塊40g.，滾圓後鬆弛10分鐘。

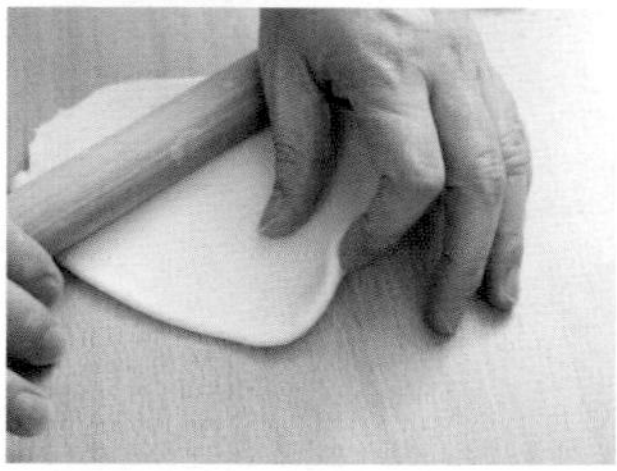

3 小麵糰慢慢擀成橢圓形。

4 包餡再整型成半圓形。

5 平底鍋加熱放油，排入韭菜盒，以中小火煎至兩面熟呈金黃色即可。

韭菜盒包法

1 橢圓形麵片上半部包入約45g.的內餡。

2 下半部的麵片對疊起來，以手指力量將半圓形邊用力按壓捏緊。

3 以圓形切割器或碗，沿著韭菜盒邊整型，使其形狀更佳。

牛肉餡餅

餡餅不乾澀、餡中多肉汁，讚呀！

成品：20個

材料

餡餅皮（燙麵）		調味料		牛肉餡	
中筋麵粉	400g.	醬油	15g.	牛肉絞肉	600g.
高筋麵粉	100g.	細砂糖	10g.	鹽	8g.
沸水	140g.	味精	4g.		
冷水	200g.	花椒水	200g.		
		香麻油	30g.		
		沙拉油	20g.		
		青蔥花	150g.		
		薑泥	25g.		

做法

1 製作餡餅皮
本麵糰為燙麵麵糰，做法請見P.48，分成每塊40g.，滾圓後鬆弛10分鐘。

2
小麵糰擀成圓麵皮備用。

3 製作牛肉餡
做法請見「吳老師小叮嚀」。

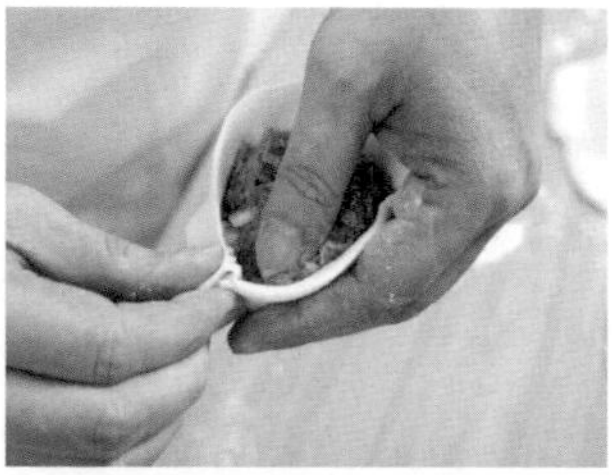

4
取出一個圓麵皮，放入約50g.的肉餡，將肉餡包起。

5
包餡後收口底部朝下，輕壓成扁圓狀。

6
平底鍋燒熱，加入油，將餡餅排入，煎熟至兩面呈金黃色。

吳老師小叮嚀

牛肉餡做法

1. 絞肉、鹽放入大碗中，攪拌至有黏性，加入醬油、糖、味精拌勻。
2. 花椒水（做法：水250g.加入花椒粒5g.煮出味道後，冷卻過濾）分次加入，使肉慢慢吸收水份後，拌入香麻油及沙拉油。
3. 加入蔥花、薑泥拌勻，冷藏一小時備用。

燙麵麵糰做法

註：材料請使用各燙麵麵糰產品所需配方

本書介紹的麵點中，使用燙麵麵糰之產品

1
麵粉放入攪拌缸，沖入滾燙沸水拌勻。

2
冷水加入攪拌缸中，攪拌均勻。

3
攪拌至麵糰呈光滑狀，鬆弛約20分鐘後即可取出整型。

冷水麵糰做法

註：材料請使用各冷水麵糰產品所需配方

本書介紹的麵點中，使用冷水麵麵糰之產品

1
中筋麵粉、鹽放入缸盆中。將水加入。

2
混合攪拌成鬆散麵片狀。

3
麵片略為整型成糰狀。

4
蓋上保鮮膜後鬆弛20分鐘以上。

Part 2

發麵篇

時間溫度相配合，發出款款幸福滋味！

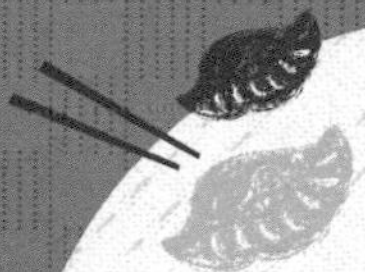

不論是饅頭、豆沙包；
還是蔥燒餅、鮮肉包，
小心翼翼細呵護，
時間溫度與酵母相配合，
變出白胖可愛Q麵點！

抹茶紅豆饅頭

抹茶香，配上誘人的紅豆甜香，很對味的搭法。

成品：24個

材料

水	450g.	抹茶粉	8g.
速溶乾酵母	12g.	蜜紅豆	200～250g.
中筋麵粉	1000g.		
泡打粉	12g.		
奶粉	20g.		
細砂糖	80g.		
奶油	25g.		

做法

1
水、酵母倒入碗中，攪拌均勻後備用。

2
酵母水倒入放有中筋麵粉、泡打粉、奶粉、奶油、細砂糖及抹茶粉的攪拌缸。

3
以攪拌器將材料攪拌至麵糰呈光滑狀。

4
取出麵糰以擀麵棍或壓麵機將麵糰壓至光滑。

5
壓平的麵片鋪上蜜紅豆，由上往下捲成圓柱狀搓圓搓緊。

6
鬆弛5分鐘後，切成24等份，置於平盤上發酵30分鐘。

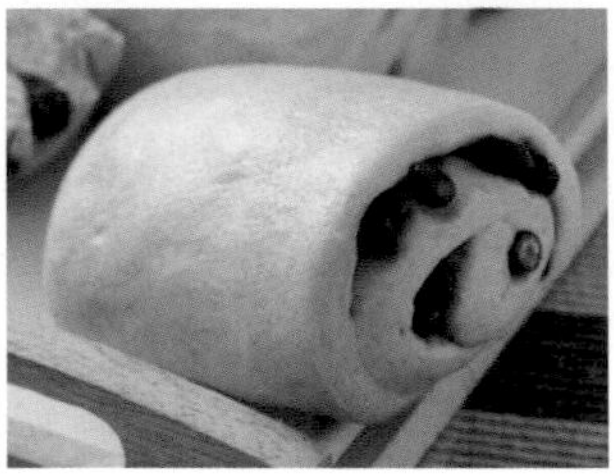

7
發酵後，放置烘焙紙上，移入沸水蒸鍋，以中小火蒸12～15分鐘即成。

雙色饅頭

雙色雙口味，口味隨你搭！白的、綠的，色澤真誘人！

成品：24個

材料

水	460g.
速溶乾酵母	12g.
中筋麵粉	1000g.
泡打粉	10g.
奶粉	30g.
細砂糖	100g.
奶油	30g.
抹茶粉(配色)	8g.

吳老師小叮嚀

有色的抹茶粉可依個人喜好加不同口味顏色，如草莓粉、紅麴粉、可可粉、黑糖等調色及調味。

做法

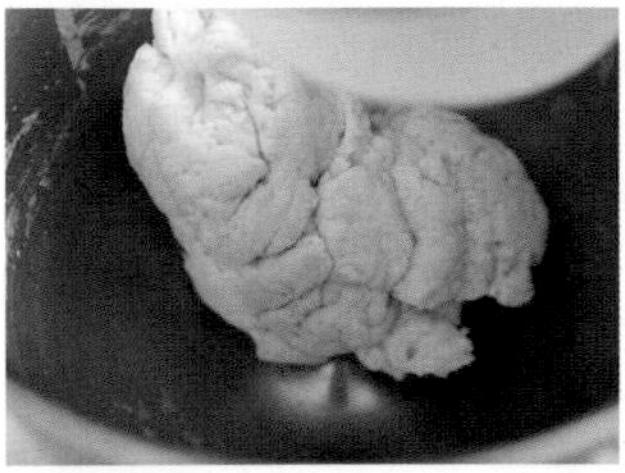

1 製作麵糰
本麵糰為發麵麵糰，做法請見P.90。

2
麵糰取出切一半，加入抹茶粉後繼續搓揉均勻，以擀麵棍擀壓成光滑狀。

3
另一半白色麵糰以壓麵機或擀麵棍先擀壓成光滑片狀。

4
抹茶麵片放置白麵皮上，捲起成柱狀，搓長至所需粗細，鬆弛10分鐘。

5
以利刀切塊(直徑的兩倍)，移至撒粉之平盤發酵30分鐘。

6
發酵後，放置烘焙紙上，移入沸水蒸鍋，以中小火蒸12～15分鐘即熟。

胚芽饅頭

細細咀嚼吃得到麥香，肚子餓時來上一顆，真是好滿足！

成品：約25個

材料

水	480g.	奶油	25g.
速溶乾酵母	12g.	烤金黃胚芽粉	50g.
中筋麵粉	1000g.		
泡打粉	10g.		
奶粉	25g.		
二砂糖	70g.		
蜂蜜	50g.		

吳老師小叮嚀

製作過程中麵糰經反覆多次擀壓，具有高纖、養生的效果，口感紮實、香Q有勁，好吞嚥不黏牙，方便好料理，同時兼具健康與美味。

做法

1 胚芽以烤箱烤香冷卻備用。所有材料放入缸中，水與酵母拌匀倒入。

2 以攪拌器將所有材料攪拌至麵糰呈光滑狀。

3 麵糰壓成光滑之麵片，將麵片由上往下緊緊捲起後，切成24等份小麵糰。

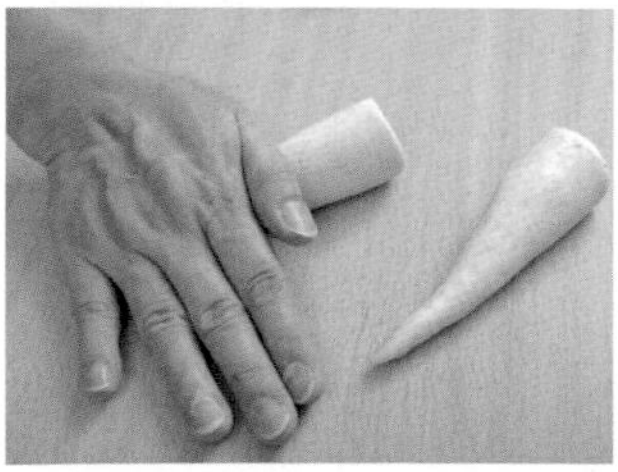

4 小麵糰以手搓成圓錐狀。

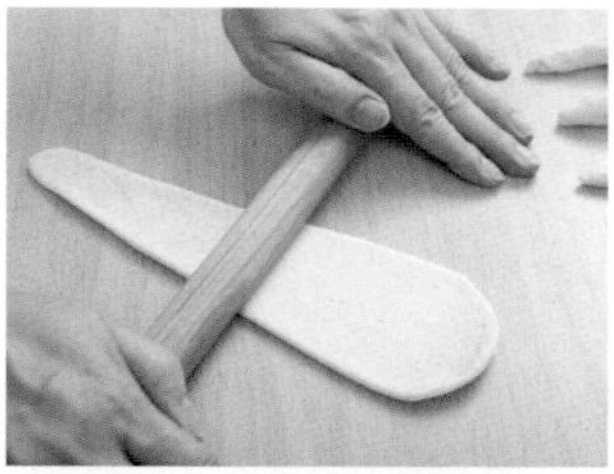

5 以擀麵棍將圓錐狀的麵糰擀開。

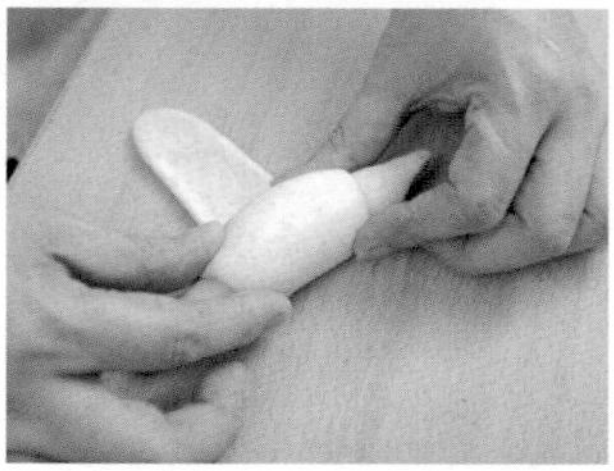

6 由上往下捲起，成牛角狀。

7 捲好的麵糰置於撒粉的工作桌上頭，發酵約30～40分鐘。

8 發酵後，放置烘焙紙上，移入沸水蒸鍋以中小火蒸12～15分鐘即成。

白饅頭

麵食入門基本款，學會一招走天下！

成品：16 個

材 料

水	230g.
速溶乾酵母	6g.
中筋麵粉	500g.
泡打粉	6g.
奶粉	15g.
細砂糖	40g.
奶油	10g.

吳老師小叮嚀

家中若沒有壓麵機，也可以擀麵棍將麵糰反覆擀壓至呈 0.3 公分厚的麵片，只是費時較久。

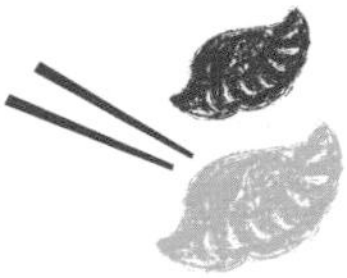

做 法

1 製作麵糰

本麵糰為發麵麵糰，做法請見P.90。麵糰以擀麵棍壓至光滑後備用。

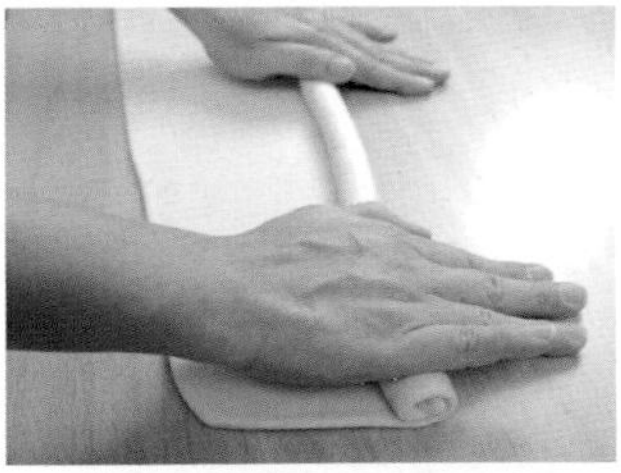

2

重複壓成光滑之麵片放置桌面，由上往下緊緊捲起成柱狀。

3

再搓長至所需粗細，鬆弛約10分鐘即可切塊。

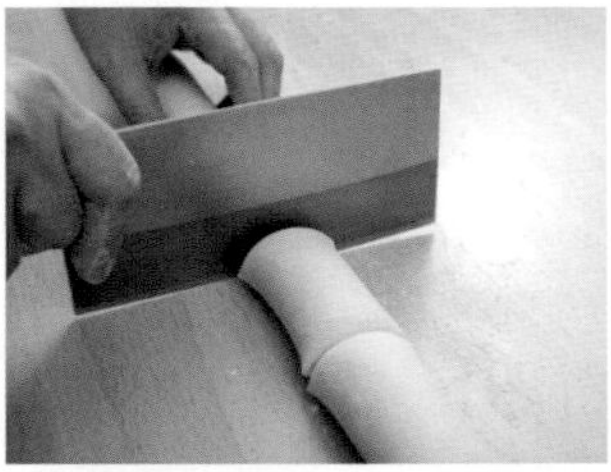

4

以利刀切塊，每塊約50g.。

5

排放於撒粉的平盤上，再發酵30分鐘。

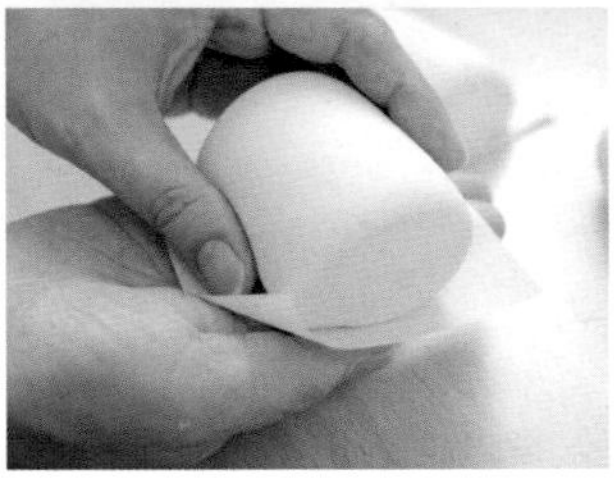

6

發酵後，放置烘焙紙上，移入沸水蒸鍋，以中小火蒸10～12分鐘至輕壓有彈性。

八寶果雜糧饅頭

健康又營養，停不了口的好味道！

成品：28個

材料

水	460g.
速溶乾酵母	12g.
中筋麵粉	1000g.
泡打粉	12g.
鹽	5g.
細砂糖	80g.
奶油	25g.
雜糧粉	100g.
熟八寶果	250g.

吳老師小叮嚀

1. 八寶果部份可依個人喜好，用不同烤熟堅果代替。
2. 熟八寶果烘焙店有售。

做法

1
水加入酵母中拌匀，倒入放有中筋麵粉、泡打粉、雜糧粉、鹽、糖、奶油的攪拌缸中。

2
以勾型攪拌器攪拌，至麵糰呈光滑狀。

3
麵糰取出，以壓麵機將麵糰重覆壓成光滑麵片，鋪上八寶果。

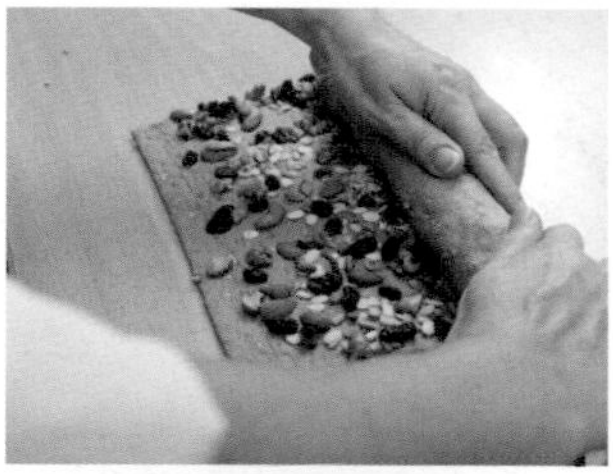

4
鋪上八寶果雜糧的麵糰，由上往下捲成圓柱狀。

5
以利刀切成28～30個，置於撒粉的平盤發酵約30分鐘。

6
發酵後，放置烘焙紙上，移入沸水蒸鍋，以中小火蒸12～15分鐘即成。

十穀米饅頭

養生健康的首選，一定要學會！

成品：28個

材料

水	460g.
速溶乾酵母	12g.
中筋麵粉	1000g.
泡打粉	10g.
鹽	5g.
細砂糖	80g.
奶油	25g.
煮熟十穀米	250g.
熟糙米粉	50g.

吳老師小叮嚀

1. 熟糙米粉可增加香味及營養。
2. 十穀米與麵糰攪拌亦可，只是表面會較粗糙。

做法

1 中筋麵粉、泡打粉、鹽、糖、奶油及熟糙米粉放入缸中拌勻。水與酵母攪拌均勻倒入。

2 以攪拌器攪拌至麵糰呈光滑狀。

3 將麵糰取出，以壓麵機將麵糰壓平，鋪上煮熟的十穀米再壓均勻至光滑。

4 麵糰緊緊捲成圓柱狀，以利刀切成28個，置於撒粉的平盤上發酵約30分鐘。

5 發酵後，放置烘焙紙上，移入沸水蒸鍋以中小火蒸12～15分鐘至輕壓有彈性。

桂圓核桃饅頭

不用花大錢就可以享受到的幸福饅頭！

成品：28個

材料

水	460g.
速溶乾酵母	12g.
中筋麵粉	1000g.
泡打粉	12g.
鹽	5g.
細砂糖	80g.
奶油	25g.
桂圓乾(切碎)	100g.
熟核桃(切碎)	200g.

吳老師小叮嚀

桂圓和核桃兩款搭在一起，口感十分對味，會讓人一口接一口停不下來！若是以手揉麵糰時，這兩樣要放得均勻些，才不會分散不均。

做法

1
核桃切碎備用。

2
將桂圓乾切碎後備用。

3 製作麵糰
本麵糰為發麵麵糰，做法請見P.90。請在麵糰內加入熟核桃、桂圓乾。

4
麵糰壓成光滑麵片，將麵片由上往下捲起成圓柱狀，切成28等份小麵糰。

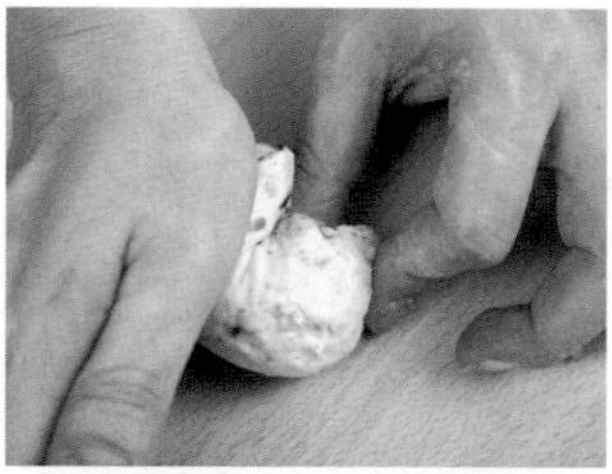

5
將小麵糰整成圓柱狀。

6
置於撒粉的桌面上發酵30分鐘。

7
發酵後，放置烘焙紙上，移入沸水蒸鍋，以中小火蒸12～15分鐘即成。

全麥麥香饅頭

加了烤香麩皮，吃起來口感特別不一樣！

成品：約24~26個

材料

水	500g.	奶粉	25g.
速溶乾酵母	12g.	細砂糖	120g.
中筋麵粉	1000g.	奶油	25g.
泡打粉	10g.	烤熟麩皮	40g.
		黃金麥香粉	100g.

吳老師小叮嚀

1. 麩皮烤至褐色時香味四溢。
2. 黃金麥香粉是烤熟的小麥再磨成粉，風味特殊，烘焙店有售。

做法

1 麩皮用烤箱烤至金黃色，香味出來後冷卻。

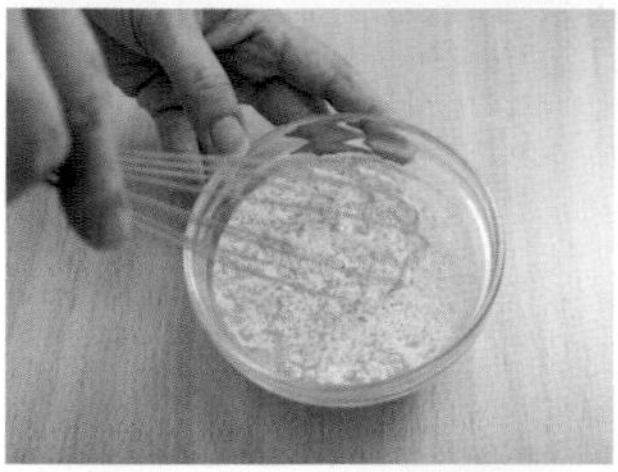

2 水與酵母攪拌均勻備用。

3 所有材料放入缸中，倒入酵母水，攪拌至麵糰呈光滑狀。

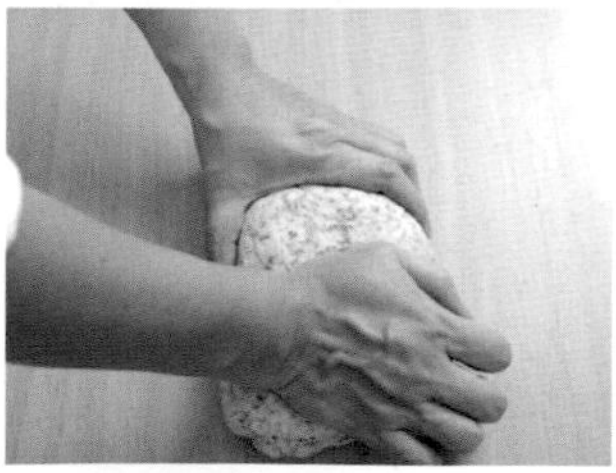

4 取出麵糰先以手搓揉。

5 再以壓麵機將麵糰壓成片狀，並由上而下捲成圓柱狀。

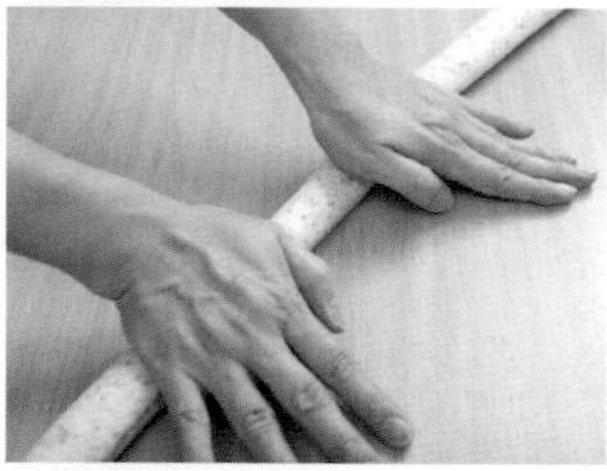

6 再搓長至所需粗細，鬆弛約10分鐘即可切塊。

7 將圓柱狀麵糰切24～26等份，置於平盤上發酵30～40分鐘。

8 發酵後，放置烘焙紙上，移入沸水蒸鍋，以中小火蒸12～15分鐘即成。

芝麻起司饅頭

鹹甜的好滋味，一整個幸福呀！

成品：約25個

材料

水	460g.
速溶乾酵母	12g.
中筋麵粉	1000g.
泡打粉	12g.
奶粉	25g.
細砂糖	80g.
奶油	30g.
芝麻粉	70g.
烤香黑芝麻	30g.
起司片	24片

吳老師小叮嚀

黑色食物中的黑芝麻，維生素E、鈣含量很高，常吃黑芝麻，可使皮膚保持柔嫩、細緻和光滑。拿黑芝麻來做麵點，還有會股香氣，一舉數得。

做法

1
水與酵母攪拌均勻備用。

2
剩餘材料(起司片除外)置於缸中，倒入酵母水，攪拌至呈光滑麵糰。

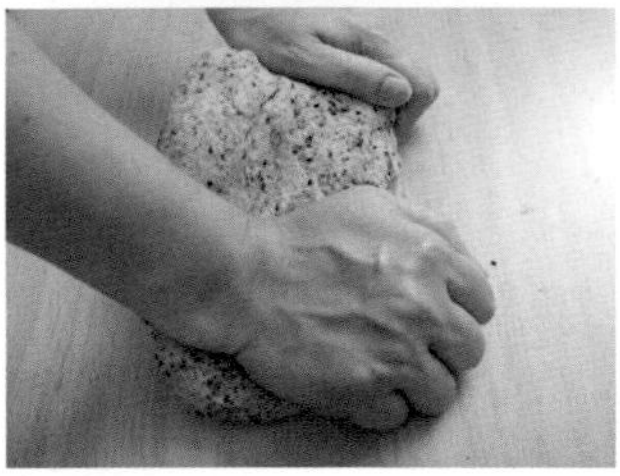

3
麵糰取出，先揉光滑，再以壓麵機或擀麵棍反覆擀壓成約1 公分厚的麵片。

4
將麵糰揉壓成光滑之麵片，由上往下捲起鬆弛10分鐘後，切成25份，一頭搓成水滴狀。

5
擀開後再放上起司片，由上往下捲起來。

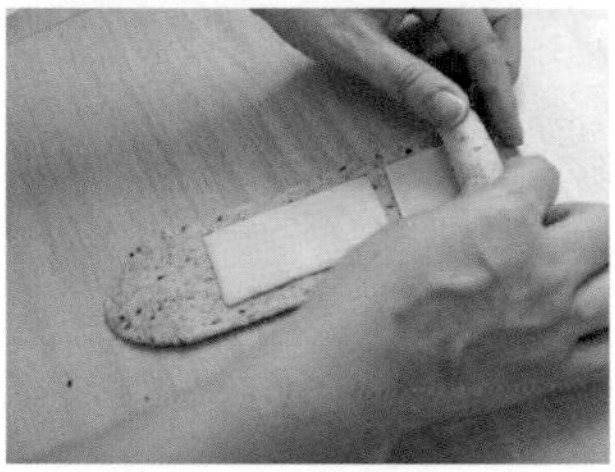

6
或做成吐司麵糰狀，做點不一樣的變化。

7
將包好起司片的麵糰，置於平盤上發酵30分鐘。

8
發酵後，放置烘焙紙上，移入沸水蒸鍋，以中小火蒸12～15分鐘即成。

火腿蔥花花卷

火腿配蔥花，一整個絕配呀！

成品：約12個

材料

水	240g.	乾燥蔥末	3g.
速溶乾酵母	6g.	沙拉油(抹油)	適量
中筋麵粉	500g.	鹽	適量
泡打粉	5g.		
奶粉	20g.		
細砂糖	40g.		
奶油	20g.		
火腿末	100g.		

做法

1 製作麵糰
本麵糰為發麵麵糰，做法請見P.90。麵糰以擀麵棍反覆壓至光滑備用。

2
光滑的麵片，先抹上一層沙拉油及鹽，再將火腿末、蔥末均勻撒在麵片上。

3
將麵片分為三等分，上段先往下折起。

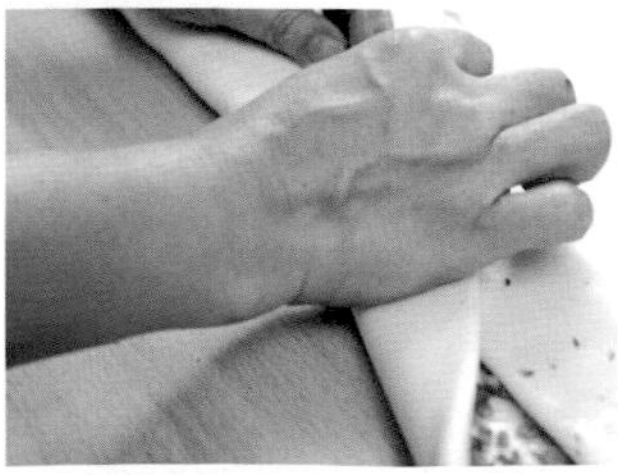

4
再將下段往上折起，成為三折後整型備用。

5
將折成三折的麵片壓緊，鬆弛10分鐘。鬆弛好的麵片切成約6公分寬一段。

6
每一段再切一刀，成為兩塊。

7
兩塊麵片重疊以筷子對角斜線往下壓呈花卷型。

8
花卷排放於撒粉的平盤上發酵30分鐘，置於烘焙紙上，移入沸水蒸鍋以中小火蒸15分鐘即成。

老麵山東饅頭

要好吃有嚼勁，全靠手揉的工夫，雖然費工，但絕對好吃！

成品：15個

材料

麵種

水	240g.
速溶乾酵母	3g.
中筋麵粉	300g.

老麵

麵種	543g.
水	220g.
中筋麵粉	280g.

麵糰

老麵	1043g.
中筋麵粉	250g.
低筋麵粉	200g.
細砂糖	50g.
鹼水	3g.

做法

1 製作老麵麵糰
本麵糰為老麵麵糰，做法請見P.91。老麵加入中、低筋麵粉、細砂糖。

2
鹼水加入，以勾型攪拌器攪拌至麵糰呈光滑狀。

3
麵糰以壓麵機壓成片狀，緊緊捲成圓柱狀，以利刀切塊，每塊約100g.。

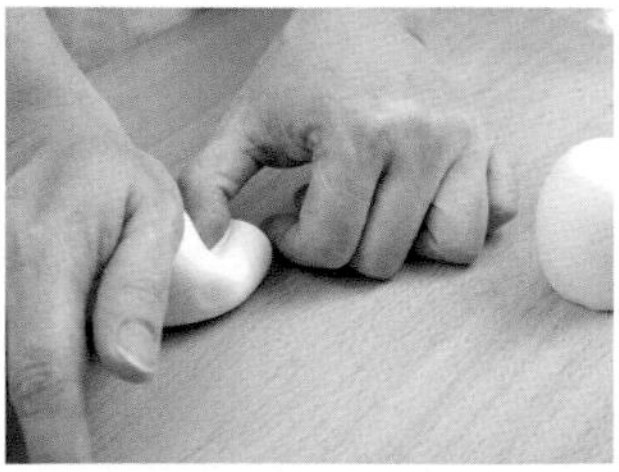

4
拇指置於麵糰中間，慢慢將麵糰整型成圓球狀。

5
再用手掌邊緣整型成圓球狀。

6
整型好的麵糰排放於撒粉的平盤上，發酵50～60分鐘。

7
發酵後，輕輕拿起，放置烘焙紙上，移入沸水蒸鍋以中小火蒸15分鐘即成。

香蔥大鍋餅

簡單的滋味，令人停不下口……

成品：約6個

材料

麵種

速發酵母粉	3g.
水	240g.
中筋麵粉	300g.

老麵

麵種	540g.
水	400g.
中筋麵粉	540g.
細砂糖	20g.

麵糰

老麵	1500g.
細砂糖	90g.
中筋麵粉	375g.
泡打粉	15g.

蔥花餡

蔥花	700g.
豬油	60g.
鹽	20g.
細砂糖	10g.
生白芝麻	適量

做法

1
蔥花置於大碗中，加入鹽及糖，再拌入豬油混合均勻。

2 製作老麵麵糰
本麵糰為老麵麵糰，做法請見P.91。將麵糰分割成每個約330g.。

3
麵糰由外往內收口成光滑之圓形，鬆弛約20分鐘備用。

4
麵糰壓成中間厚旁邊薄的麵皮，包入約120g.蔥花餡後收口。

5
收口面噴水。

6
沾上生白芝麻，輕壓成扁平狀。

7
芝麻面朝下，置於平烤盤上，發酵30分鐘。

8
沾上芝麻的麵糰上面鋪上烘焙紙，再蓋另一烤盤入烤爐。

9
以上下火250℃烤10分鐘，翻面再烤6～8分鐘，至輕壓邊會彈回即熟。

香椿老麵素烤餅

用時間換美味！絕對好吃的香烤餅！

成品：約3個

材 料

麵種

速發酵母粉	3g.
水	240g.
中筋麵粉	300g.

老麵

麵種	543g.
水	400g.
中筋麵粉	500g.
細砂糖	20g.

麵糰

老麵	1450g.
細砂糖	80g.
中筋麵粉	350g.
泡打粉	15g.

香椿醬

香椿葉	400g.
鹽	10g.
沙拉油	150g.

做 法

1 製作香椿醬
香椿葉去梗洗淨瀝乾，以鹽醃至軟化以調理機打成泥，置於大碗中倒入150℃沙拉油拌勻冷藏。

2 製作老麵麵糰
本麵糰為老麵麵糰，做法請見P.91。將麵糰分割成每個約630g.。

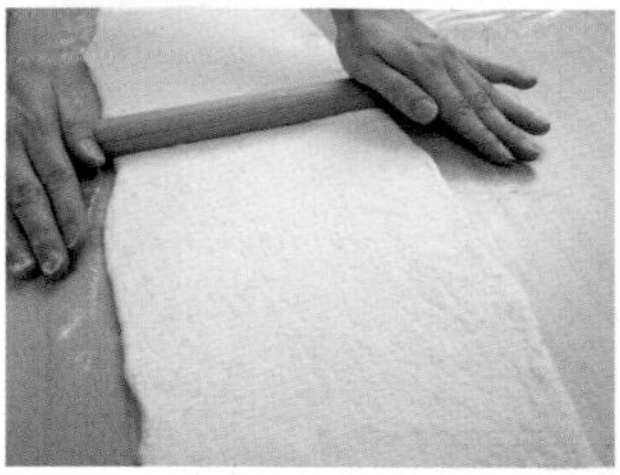

3
麵糰由外往內收口成光滑之圓形，鬆弛約20分鐘，擀成長方形麵皮。

4
麵皮中間1/3抹上香椿醬。

5
將麵皮上方1/3麵皮往下蓋，再抹上香椿醬。

6
下方的1/3麵皮往上蓋，收口。

7
表面噴水，撒上白芝麻，鬆弛10分鐘。

8
麵皮斜切菱形，沾有芝麻面朝下，置於不沾的平烤盤上。

9
平烤盤上面蓋另一烤盤入烤爐，以上下火250℃烤10分鐘，翻面再烤6～8分鐘，即熟。

割包

中式漢堡，鹹甜的綜合好滋味！

成品：14個

材料

水	240g.
速溶乾酵母	6g.
中筋麵粉	500g.
細砂糖	70g.
白油	20g.
奶粉	20g.
沙拉油	適量

配料（每份）

花生粉	1大匙
炒酸菜	約1.5大匙
甜辣醬	1小匙
香菜	少許
肉片	1片

做法

1 製作麵糰
本麵糰為發麵麵糰，做法請見P.90。

2
麵糰取出以壓麵機先壓成平整麵片狀，用壓模壓出約每個60g.的圓麵片。

3
圓麵片擀成長約17公分、寬約10公分大小的橢圓扁圓片狀，兩面沾粉防沾黏。

4
內面刷沙拉油，外圍留約0.3公分邊不塗。

5
塗好沙拉油的麵皮對折起來，置於平盤上發酵30分鐘。

6
發酵後，放置烘焙紙上，移入沸水蒸鍋以中小火蒸12～15分鐘後放涼，即可加入餡料。

吳老師小叮嚀

割包的餡料做法

炒酸菜：酸菜洗淨，將鹹味泡出來，擠乾水分，切絲再切丁。鍋中倒入香油爆香蒜末，下酸菜炒熟，加上糖、辣椒丁、胡椒粉調味拌至入味有亮度即可。

滷五花肉片：五花肉切一公分厚片，6公分寬，先將肉爆炒出油，下醬油、冰糖及水，滷約30分鐘至肉軟嫩。

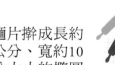

紅豆沙包

皮QQ，加上綿密豆沙餡，午茶點心來一客！

成品：20個

材料

水	230g.
速溶乾酵母	6g.
中筋麵粉	500g.
細砂糖	40g.
奶粉	20g.
奶油	15g.
泡打粉	5g.
紅豆沙粒餡	400g.

吳老師小叮嚀

1. 紅豆沙粒餡是有紅豆顆粒的現成餡，非烏豆沙，兩者是不一樣的。
2. 夾紋路時，可深一點，蒸出來才會明顯。

做法

1 製作麵糰
本麵糰為發麵麵糰，做法請見P.90。將麵糰擀成長方形。

2
長方形麵片捲起成圓柱形，鬆弛10分鐘後，切成每塊40g.。

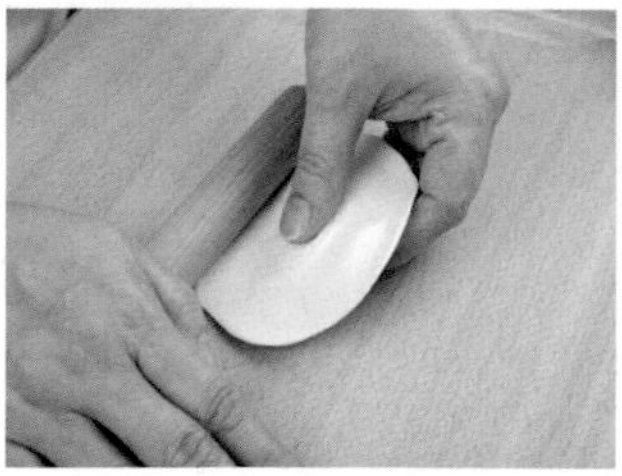

3
將小麵糰擀成中間厚旁邊薄的圓麵皮備用。

4
圓麵皮包入20g.紅豆沙粒餡。

5
以包包子的方式將餡料包好。

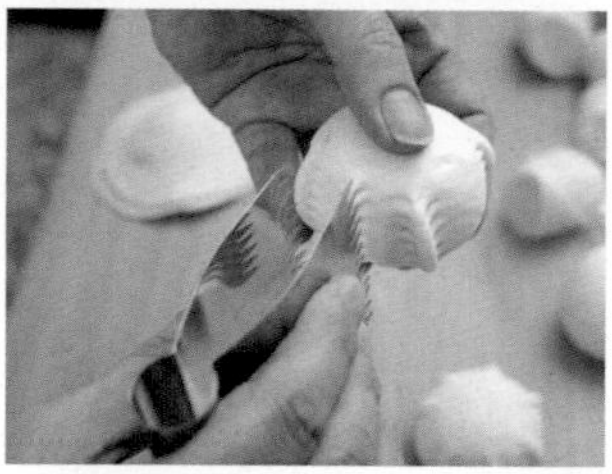

6
收口朝下，正面朝上，以夾花鉗夾出紋路線條。

7
夾好紋路的麵糰置於平盤發酵20分鐘。

8
發酵後放置烘焙紙上，移入沸水蒸鍋以中小火蒸12分鐘。蒸好後趁熱點上紅點。

蔥燒餅

餅皮柔軟，配上滿滿的青蔥，吃得滿嘴香甜啊！

成品：30 個

材料

麵皮(發麵)		蔥花餡	
水	550g.	鹽	20g.
速溶乾酵母	15g.	味精	適量
中筋麵粉	1000g.	青蔥花	300g.
細砂糖	80g.	白胡椒粉	8g.
泡打粉	6g.		
沙拉油（刷麵皮）	適量		

吳老師小叮嚀

這款是以發麵的方式來做，口感較軟，鹹鹹的蔥花，搭配香香的麵皮，很迷人的口感。也有把油酥加進去或是以燙麵的做法，口感各有不同。

做法

1 製作麵糰
本麵糰為發麵麵糰，做法請見P.90。將麵糰分割成兩塊。

2
麵糰取出以壓麵機或擀麵棍反覆擀壓成約0.3公分厚的麵片。

3
蔥花餡材料混合均勻，麵片上刷油，麵片1/3抹上蔥花餡。

4
上方1/3麵皮往下蓋上，刷油，再撒上蔥花餡。

5
下方麵皮再往上蓋上，鬆弛約10分鐘。

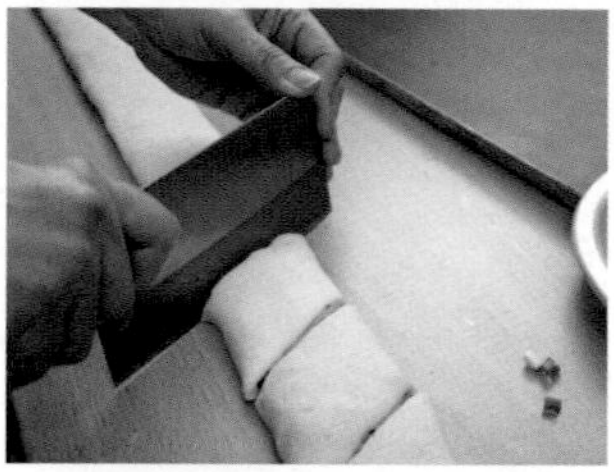

6
包好蔥餡的麵皮切成菱形。

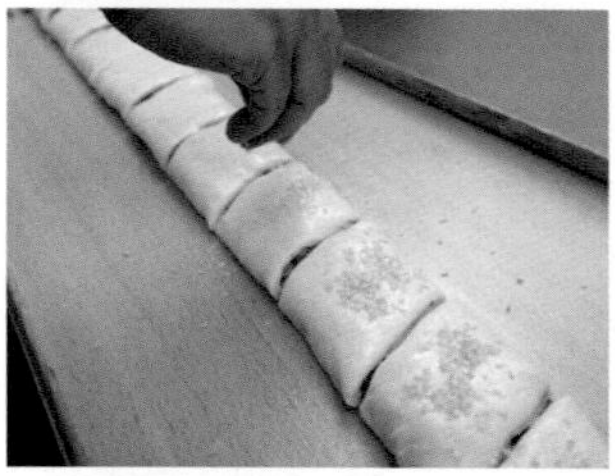

7
表面撒上芝麻。

8
置平於烤盤中發酵30～35分鐘，以上火230℃，下火250℃烤至呈金黃色，輕壓旁邊會彈回即熟。

菜肉包

有菜有肉，好營養的包子！一定要來一顆！

成品：28個

材料

包子皮（發麵）		菜肉餡			
水	500g.	豬絞肉	250g.	蠔油	30g.
速溶乾酵母	12g.	鹽	3g.	地瓜粉	30g.
中筋麵粉	1000g.	香麻油	15g.	青蔥花	50g.
泡打粉	10g.	味精	5g.	高麗菜	600g.
奶粉	20g.	醬油	10g.	(切碎脫水)	
細砂糖	100g.	細砂糖	10g.		
奶油	20g.	全蛋	50g.		

做法

1 製作菜肉餡

絞肉拌鹽攪至有黏性，加入調味料、青蔥花及高麗菜、地瓜粉拌勻冷藏2小時。

2 製作麵糰

本麵糰為發麵麵糰，做法請見P.90。麵糰壓至光滑狀，捲成圓柱狀。

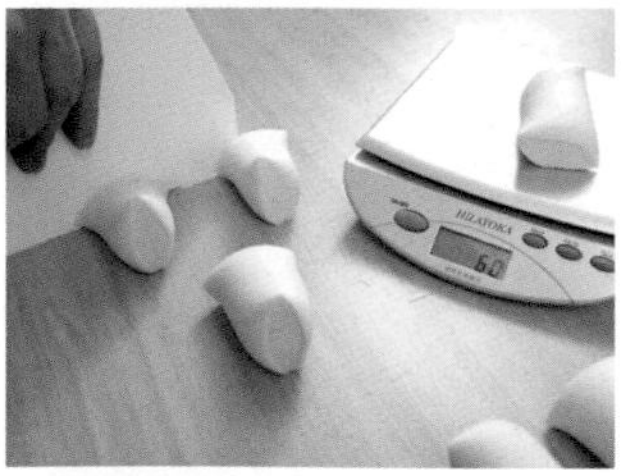

3

圓柱麵糰鬆弛10分鐘後，切成28等份，每塊60g.。

4

將小麵糰擀成中間厚旁邊薄的圓麵皮備用。

5

圓麵皮包入30g.菜肉餡。

6

包成葉子形狀。

7

排放於撒粉的平盤上發酵約30分鐘。

8

發酵後，放置烘焙紙上，移入沸水蒸鍋，以中小火蒸12～15分鐘即成。

鮮肉包

香噴噴熱騰騰的鮮肉包，出爐了！

成品：約28個

材料

包子皮（發麵）		鮮肉餡			
水	500g.	豬絞肉	650g.	全蛋	50g.
速溶乾酵母	12g.	鹽	6g.	水	20g.
中筋麵粉	1000g.	香麻油	15g.	五香粉	1g.
泡打粉	10g.	味精	6g.	胡椒粉	1g.
奶粉	20g.	醬油	15g.	青蔥花	200g.
細砂糖	100g.	細砂糖	12g.		
奶油	20g.				

做法

1 製作鮮肉餡
絞肉拌鹽攪至有黏性，加調味料拌勻，拌入青蔥花攪勻，冷藏至肉餡稍微凝結。

2 製作麵糰
本麵糰為發麵麵糰，做法請見P.90。麵糰壓至光滑狀，捲成圓柱狀。

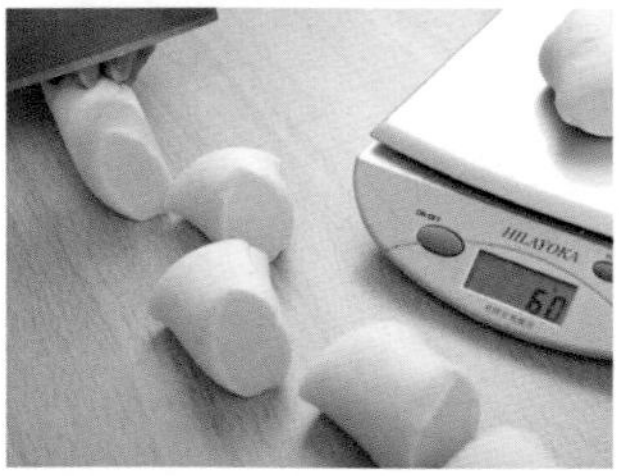

3
以切麵刀將麵糰分成28個，每個60g.。

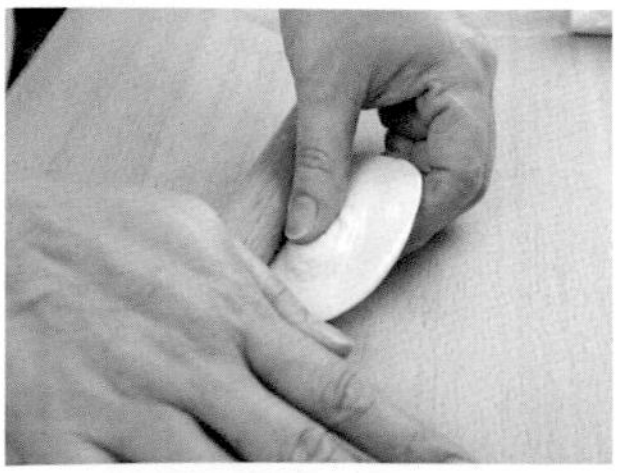

4
將小麵糰擀成圓麵皮備用。

5
取出一個圓麵皮，放入約30g.的肉餡包好。

6
包好餡料的麵糰排放於撒粉的平盤上發酵約30～40分鐘。

7
發酵後，放置烘焙紙上，移入沸水蒸鍋以中小火蒸12分鐘即成。

小籠包

皮薄嫩，肉汁飽滿，一整個好吃！

成品：40 個

材料

包子皮（發麵）		肉餡		沾醬	
中筋麵粉	400g.	豬絞肉	350 g.	鎮江醋	適量
水	220g.	鹽	4g.	薑絲	適量
速溶乾酵母	4g.	香麻油	15g.		
細砂糖	12g.	味精	2g.		
奶油	5g.	醬油	10g.		
		胡椒粉	1g.		
		青蔥末	70g.		
		薑泥	24g.		

做法

1 製作肉餡

絞肉加鹽攪拌至有黏性，加入調味料、青蔥末及薑泥，拌勻冷藏備用。

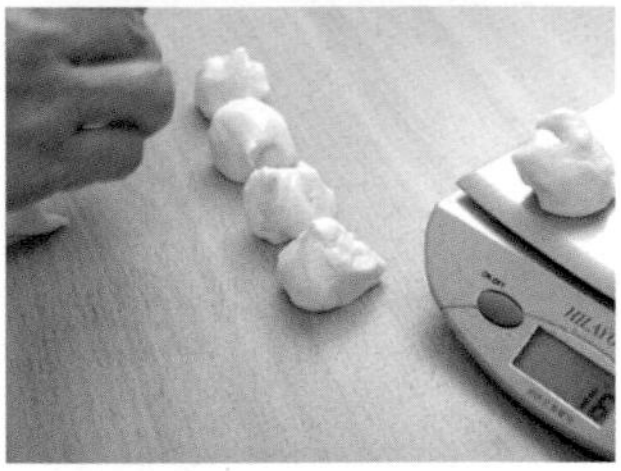

2 製作麵糰

本麵糰為發麵麵糰，做法請見P.90。麵糰擀開捲成圓柱狀，切成每塊16g.

3

將小麵糰擀成圓麵皮備用。

4

取出一個圓麵皮，放入約12g.的肉餡。

5

以包包子的方式包起。

6

發酵約30分鐘後，置於烘焙紙上放入蒸籠，以中小火蒸8～10分鐘即成。

吳老師小叮嚀

這款小籠包的鹹味已足，吃時要趁熱吃，夾些薑絲，沾點鎮江醋，入口就是滿足！

水煎包

台灣的招牌元氣早餐，自己在家做！

材料 成品：25個

包子皮（發麵）

水	265g.
速溶乾酵母	7g.
中筋麵粉	480g.

肉餡

豬絞肉	260g.
鹽	5g.
香麻油	10g.
味精	3g.
糖	5g.
醬油	8g.
沙拉油	30g.
胡椒粉	2g.
蔥花	40g.
薑末	20g.
高麗菜	500g.
油蔥酥	20g.
綠韭菜	100g.
蝦皮(煸香)	30g.
冬粉(泡軟切小段)	一把

麵粉水

中筋麵粉	30g.
水	800g.

沙拉油(煎油用)	150g.
熟白芝麻	適量

吳老師小叮嚀

水煎包肉餡做法：

1. 絞肉加鹽放入攪拌缸中，以順時鐘攪拌至有黏性。
2. 再加入香麻油、糖、醬油及胡椒粉繼續攪拌均勻，將沙拉油加入調整油度，加入高麗菜、蔥花及薑末、蝦皮、韭菜、冬粉等。
3. 將所有材料攪拌均勻備用。

做法

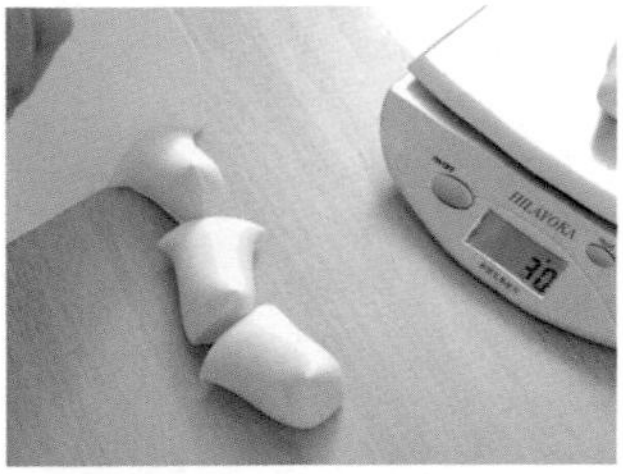

1 製作麵糰
本麵糰為發麵麵糰，做法請見P.90。麵糰擀開捲成圓柱狀，切成每塊約30g.。

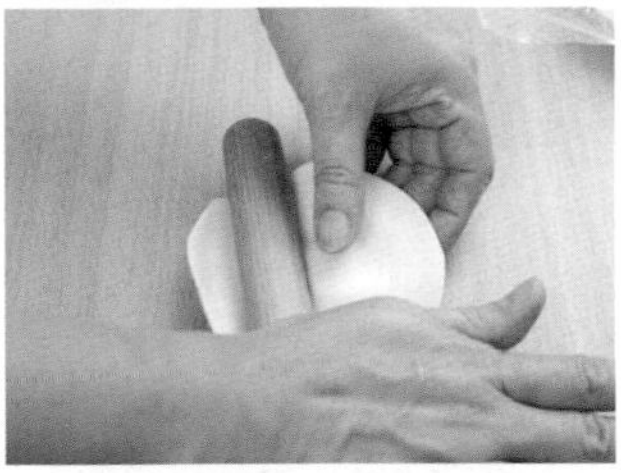

2
將小麵糰擀成圓麵皮備用。

3 製作肉餡
做法請見「吳老師小叮嚀」。

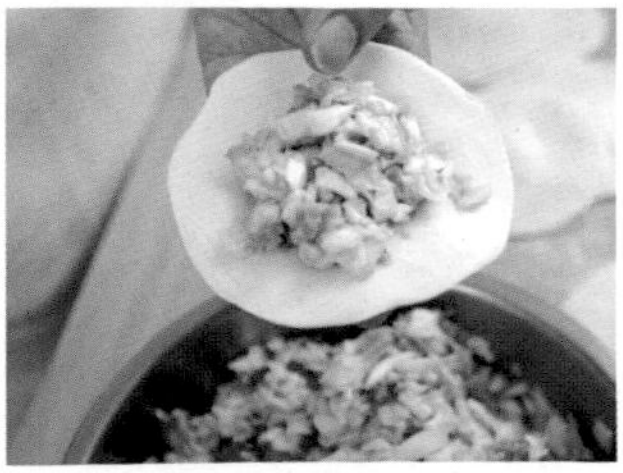

4
取出一個圓麵皮，放入約30g.的肉餡。

5
將餡料包起，收口捏緊。排放於撒粉的平盤上發酵20～30分鐘。

6
中筋麵粉加水調成麵粉水備用。平底鍋燒熱，加入油，將包子排入加入麵粉水。

7
以中小火煎10～15分至有彈性。起鍋前撒上熟芝麻即成。

發麵麵糰做法一：使用速溶乾酵母

註：材料請使用各速溶乾酵母發麵麵糰產品所需配方

1
水加入酵母中，攪拌成均勻酵母水備用。

2
攪拌缸中放入所有麵糰材料。

3
倒入酵母水。

4
以攪拌器攪拌成不黏手的麵糰，滾成圓形，鬆弛20分鐘後，即可分割、整型。

本書介紹的麵點中，使用速溶乾酵母發麵麵糰之產品

發麵麵糰做法二：使用老麵

註：材料請使用各老麵麵糰產品所需配方

本書介紹的麵點中，使用老麵麵糰之產品

老麵山東饅頭 P. 70
香蔥大鍋餅 P. 72
香椿老麵素烤餅 P. 74

1
水與酵母攪拌均勻備用。

2
缸盆放入中筋麵粉，將酵母水徐徐倒入。

3
與中筋麵粉攪拌均勻。

4
攪拌均勻的麵糰覆蓋保鮮膜常溫發酵3小時。

5
發酵3小時後的麵糰，即成為老麵麵種。

6
將水加入麵種拌勻後，再加入中筋麵粉。

7
水、麵種與中筋麵粉拌勻。

8
覆蓋保鮮膜常溫再發酵12～16小時即為老麵。

9
老麵加入中筋麵粉、低筋麵粉、細砂糖中。

10
以勾型攪拌器攪拌至麵糰呈光滑狀，滾成圓形，鬆弛20分鐘後，即可分割整型。

Part 3

油皮油酥&油炸篇

細擀摺捲多變化，裹出層層美味！

用心擀、細心包，
把家人最愛的口味包進來，
鹹的、甜的、厚的、薄的，
烤出、炸出濃濃古早味！

太陽餅

台中名產自己在家做！香得很呢！

成品：36個

材 料

油皮

高筋麵粉	180g.
低筋麵粉	420g.
豬油	156g.
白油	84g.
水	228g.
糖粉	60g.

糖餡

糖粉	310g.
麥芽糖	75g.
奶油	75g.
水	20g.
低筋麵粉	95g.

油酥

低筋麵粉	400g.
豬油	180g.

做 法

1 製作糖餡

糖餡材料中的粉類過篩，加入水、奶油、麥芽糖拌勻。糖餡麵糰分成每塊15g.。

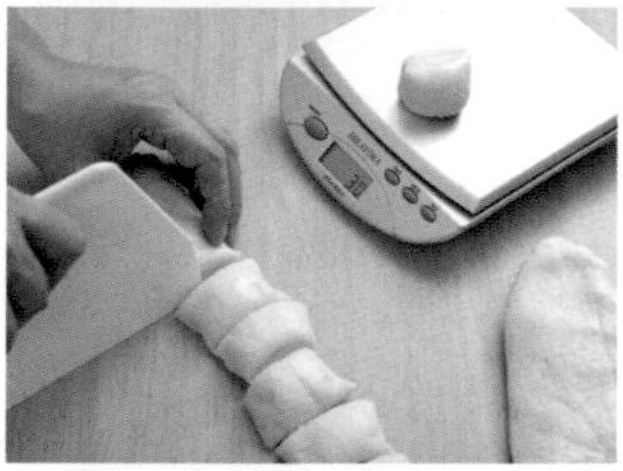

2 製作麵糰

本麵糰為油皮油酥麵糰，做法請見P.113。將油皮糰分成每塊30g.、油酥糰每塊15g.。

3

油皮麵糰與油酥麵糰組合成油皮油酥麵糰。

4

油皮油酥麵糰先以手壓平，再以擀麵棍沿對角擀開成圓形。

5

擀開的油酥皮包入糖餡後收口。

6

包好糖餡的油酥皮收口朝下，鬆弛15分鐘。

7

包好糖餡的油酥皮輕輕擀成圓扁平狀，放置於烤盤中。

8

烤盤放入烤箱，以上火 170℃、下火 190℃烘烤約20～25分鐘。

厚牛舌餅

剛出爐，熱騰騰，顧不得燙，就是要吃！

成品：24片

材料

油皮

奶油	130g.
細砂糖	38g.
水	185g.
中筋麵粉	370g.

油酥

奶油	120g.
低筋麵粉	240g.

糖餡

奶油	50g.
鹽	3g.
糖粉	230g.
麥芽糖	120g.
水	60g.
樹薯粉	30g.
糕仔粉	50g.
低筋麵粉	200g.

吳老師小叮嚀

1. 這款牛舌餅不需要像超薄牛舌餅一樣，將餅擀得既薄又平，同時為了口感較佳，前後兩端也無需擀薄。
2. 糕仔粉是熟的糯米粉，也叫糕粉，烘焙店有售。

做法

1 製作糖餡
糖餡所有材料放入攪拌缸中攪拌均勻。麵糰取出分成每塊30g.。

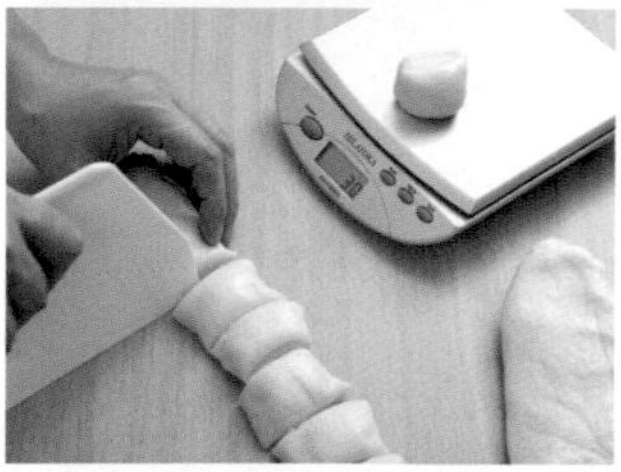

2 製作麵糰
本麵糰為油皮油酥麵糰，做法請見P.113。將油皮糰分成每塊30g.、油酥糰每塊15g.。

3
油皮麵糰與油酥麵糰組合成油皮油酥麵糰。

4
油皮油酥麵糰先以手壓平，再以擀麵棍沿對角擀開成圓形。

5
擀開的油酥皮包入糖餡後收口。

6
包好糖餡的油酥皮收口朝下，鬆弛15分鐘。

7
包好糖餡的油酥皮搓成橢圓形，略為壓平再擀成長橢圓扁平狀。

8
平底鍋以中小火煎至兩面呈金黃色即成。

薄脆牛舌餅

超搶手的零嘴，手腳慢的搶不到！

成品：約56片

材料

餅皮		糖餡	
高筋麵粉	150g.	無水奶油	60g.
低筋麵粉	150g.	糖粉	180g.
無水奶油	95g.	水麥芽	10g.
糖粉	20g.	高筋麵粉	85g.
冷水	160g.	低筋麵粉	155g.
		奶水	75g.

吳老師小叮嚀

為讓牛舌餅呈現薄脆的口感，在擀的時候要特別注意，要將餅皮擀得既薄又透光，還得小心拿起放入烤盤中，皮只要擀得夠薄，吃起來就會既酥又脆。

做法

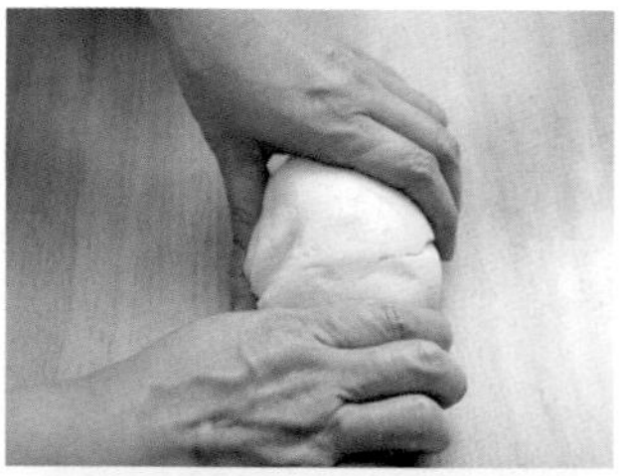

1 製作糖餡

奶油、糖粉及水麥芽拌勻，麵粉過篩加入攪拌均勻，奶水分次加入調整軟硬度。

2 製作麵糰

餅皮所有材料全部放入攪拌缸中，攪拌至成光滑麵糰。

3

餅皮麵糰自攪拌缸中取出，鬆弛15分鐘以上。

4

餅皮分成每塊10g.、糖餡每塊10g.備用。

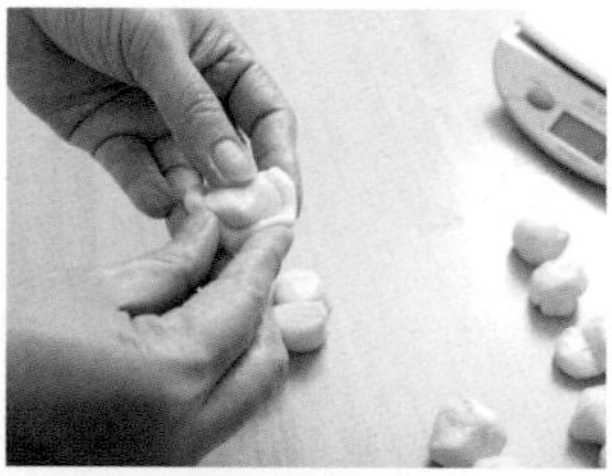

5

餅皮包入糖餡，用虎口將餅皮收口包住。

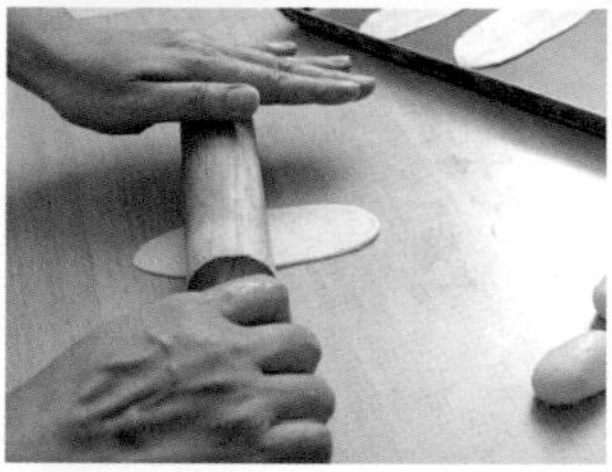

6

包入糖餡的餅皮擀成約22～25公分長的橢圓形薄片備用。

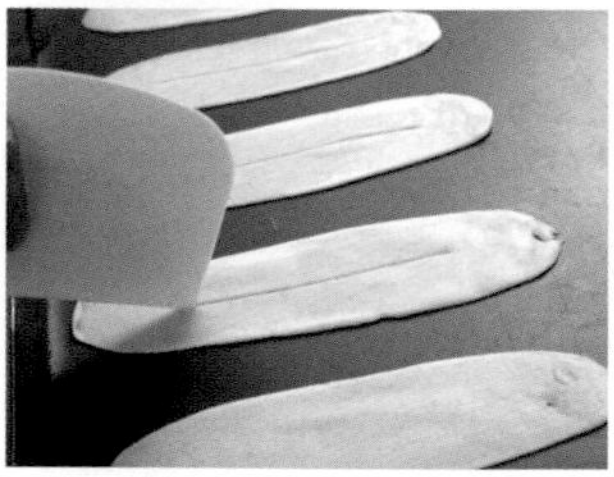

7

排置烤盤後，中間以塑膠刮版畫一直線。

8

烤箱以180℃烤10～15分鐘至呈金黃色即成。

蟹殼黃

美味的上海酥皮點心，一出爐滿室生香！

成品：40個

材料

發麵油皮

冷水	180g.
速溶乾酵母	5g.
中筋麵粉	335g.
鹽	3g.
細砂糖	7g.
豬油	70g.

油酥

炒香低筋麵粉	220g.
沙拉油	140g.
低筋麵粉（調整）	40g.

內餡

青蔥花（粗粒）	520g.
細砂糖	2g.
鹽	10g.
豬油	80g.
胡椒粉	1g.
白芝麻（沾面）	適量

吳老師小叮嚀

這款的油酥，要先將低筋麵粉以小火乾炒至金黃色，加入燒至200°C熱油拌勻，並視需求拌入低筋麵粉調整軟硬度。

做法

1 製作內餡

青蔥切粗粒，加入沙拉油拌勻，再加入鹽攪拌均勻備用。

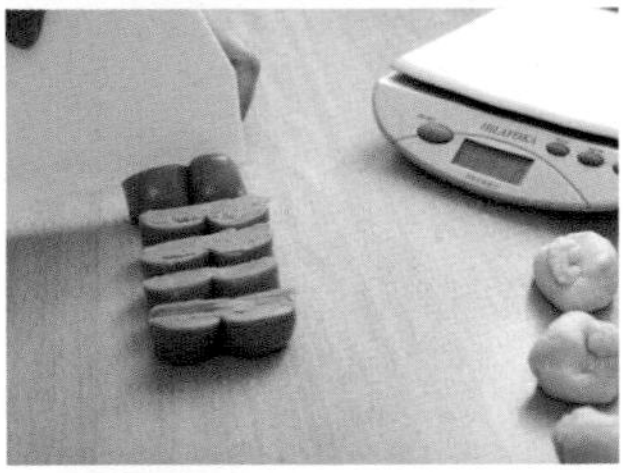

2 製作麵糰

本麵糰為油皮油酥麵糰，做法請見P.113。將油皮糰分成每塊15g.、油酥糰每塊10g.。

3

油皮、油酥麵糰組合成油皮油酥麵糰，做法請見P.113。

4

油皮油酥麵糰以擀麵棍稍微壓平，再以擀麵棍沿對角擀開。

5

擀開的油酥皮包入15g.的青蔥餡後收口。

6

光滑面沾水，再沾上白芝麻。

7

沾好白芝麻稍微壓扁，放入烤盤備用。

8

烤盤入烤箱，以上火180℃，下火200℃烤20～25分鐘即成。

蘿蔔絲餅

蘿蔔絲喀滋喀滋的爽脆口感，帶著鮮美的蝦米香味……

成品：36個

材料

油皮		內餡	
中筋麵粉	300g.	蘿蔔絲	800g.
鹽	3g.	鹽	5g.
豬油	120g.	碎蝦米	21g.
水	150g.	青蔥花	30g.
		香麻油	12g.
油酥		鹽	3g.
豬油	120g.	味精	3g.
低筋麵粉	240g.		

做法

1 製作內餡

蘿蔔絲加鹽出水後擠出水分。蝦米泡軟後切碎拌入，加調味料及蔥花拌勻備用。

2 製作麵糰

本麵糰為油皮油酥麵糰，做法請見P.113。將油皮糰分成每塊16g.、油酥糰每塊10g.。

3

油皮麵糰與油酥麵糰組合成油皮油酥麵糰。

4

麵皮鬆弛20分鐘後，以擀麵棍擀開包餡，包起將收口收緊，收口向下擺放。

5

細砂糖與水混合均勻，上面鋪上一層餐巾紙，將包餡麵糰表面沾糖水。

6

沾上糖水後再沾上白芝麻。

7

沾好白芝麻的麵糰，排入烤盤後輕壓，使收口貼緊烤盤。

8

烤盤入烤箱以上火180℃，下火200℃烤20～25分鐘即成。

胡椒餅

台中名產自己在家做！香得很呢！

成品：約20個

材料

水麵	
中筋麵粉	300g.
細砂糖	30g.
泡打粉	6g.
沙拉油	20g.
乾酵母	8g.
水	160g.

燙麵	
中筋麵粉	600g.
熱開水	420g.

油酥	
低筋麵粉	150g.
豬油	75g.

豬肉餡	
豬絞肉	700g.
蠔油	30g.
細砂糖	20g.
醬油	15g.
鹽	6g.
黑胡椒粉	12g.
米酒	20g.
五香粉	5g.
青蔥花	300g.
香菜	60g.
香油	20g.

糖水	
細砂糖	20g.
水	100g.
白芝麻	適量

吳老師小叮嚀

1. 最好使用胛心肉來做豬絞肉(絞粗顆粒)，才會有嚼勁。
2. 糖水要鋪上一層餐巾紙，這樣麵糰沾糖水才會均勻且適量，再沾白芝麻時量也比較適中。

做法

1 製作豬肉餡

豬肉絞粗塊，與調味料拌勻冷藏。青蔥花、香菜與香油另外拌勻備用。

2 製作麵糰

水麵材料置於缸中拌勻後鬆弛30分鐘；燙麵麵糰做法請見P.48。

3

燙麵麵糰鬆弛15分鐘後，加入水麵拌勻成光滑麵皮糰，再鬆弛15分鐘。

4 製作油酥

豬油與低筋麵粉攪拌均勻成油酥備用。

5

麵皮糰擀成大薄片，抹上油酥由上往下捲成圓柱狀，再分成每塊75g.。

6

小麵糰擀成圓麵皮，包入約55g.肉餡，加入青蔥花、香菜。

7

收口收緊，麵糰表面沾糖水，再沾上白芝麻。

8

排入烤盤後輕壓，收口貼緊烤盤，以上火230℃，下火240℃烤20～25分鐘。

巧果

大、小朋友們歡迎的零嘴，咬一口「卡滋、卡滋」地響……

成品：約10人份

材料

中筋麵粉	400g.
鹽	4g.
細砂糖	120g.
全蛋	80g.
黑芝麻	32g.
傳統板豆腐	160g.

吳老師小叮嚀

1. 炸至呈微黃色就可起鍋，因它會後熟不可炸太黃起鍋，會呈焦黑色，味道會變得有苦味。
2. 麵糰一定要擀得薄，越薄炸得才會酥脆，炸好後放涼，就可以放至密封罐中保存。

做法

1
麵粉加入鹽、糖攪拌均勻。加入蛋及豆腐、芝麻，攪拌至麵糰呈光滑狀。

2
麵糰取出鬆弛30分鐘以上。

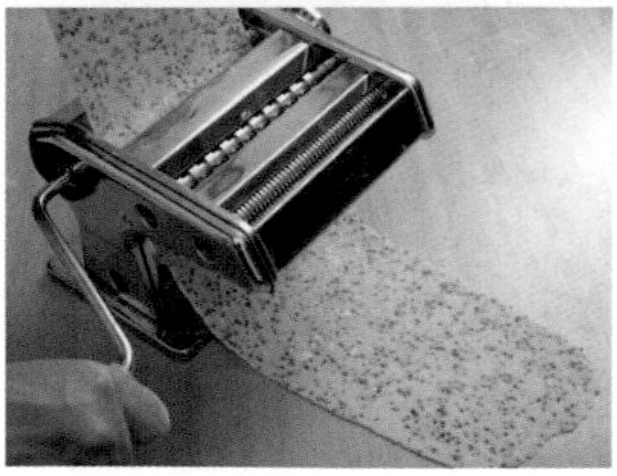

3
鬆弛後的麵糰以壓麵機或擀麵棍壓成約0.2公分麵片狀。

4
將麵皮切成長約5.5公分寬2.5公分麵片。麵片對折從中間畫一刀，不要切斷。

5
下方的麵片由下往上，穿過中間那刀痕，形成麻花形。

6
沙拉油入油鍋，油溫至170℃，加入巧果，炸至八分顏色時，即可撈出濾油。

糖麻花

裹著糖霜的麻花辮，充滿古早記憶……

成品：約40條

材料

麵糰

低筋麵粉	380g.
中筋麵粉	100g.
細砂糖	10g.
沙拉油	10g.
蛋	25g.
鹽	4g.
碳酸氫銨	4g.
水	240g.
老麵	50g.

糖漿

水	70g.
細砂糖	220g.
麥芽糖	30g.
鹽	2g.

做法

1
麵糰材料置於攪拌缸中，攪拌成光滑麵糰，以保鮮膜覆蓋鬆弛50～60分鐘。

2
鬆弛好的麵糰分成每個20g.。

3
小麵糰以手搓長約60公分。

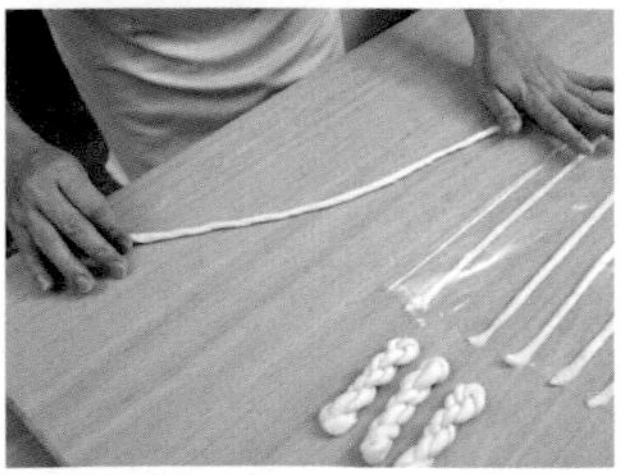

4
搓長的麵糰，以左右手上下搓捲備用。

5
搓捲後，對折成雙股麻花。

6
再搓捲一次對折捲成麻花狀，鬆弛10分鐘。

7
以150～160℃炸至呈褐黃色撈起濾油冷卻備用。

8
糖漿材料放入油鍋，煮至118～121℃熄火，放入麻花卷，快速拌勻，放涼就成裹上糖霜的麻花。

米棗

這種小時候吃的點心，實在太令人回味了！

成品：直徑8x1.5公分，約16個

材料

麵糰		配料		糖漿	
高筋麵粉	420g.	蒜味花生	90g.	水麥芽	220g.
細砂糖	25g.	葡萄乾	45g.	細砂糖	220g.
全蛋	150g.	熟白芝麻	23g.	鹽	5g.
明礬粉	1g.	油蔥酥	15g.	水	75g.
小蘇打	1.5g.	海苔粉	5g.		
水	100g.				

做法

1 麵糰全部材料以攪拌器攪拌至光滑，以保鮮膜覆蓋，鬆弛約2～3小時。

2 麵糰以擀麵棍或壓麵機擀壓成薄片狀。

3 壓成薄片狀的麵糰以切割板切成約0.3～0.5公分的長條。

4 切成長條後，再切成0.3～0.5公分小麵粒。

5 撒上高筋麵粉或太白粉防沾黏。

6 將小麵粒上多餘的麵粉過篩。

7 熱油鍋，當油溫至180～200℃時，放入小麵粒，以中大火炸至金黃色成米棗放涼備用。

8 炸好的米棗加花生油、油蔥酥，置於鋼盆中，將鋼盆放入100℃的烤箱中保溫。

吳老師小叮嚀

1. 米棗炸至8分金黃色即撈出濾油。
2. 也可用方形模整盤，以擀麵棍壓緊，再切成塊狀，做成一般沙琪瑪狀。

9
將糖漿煮至約118～120℃，拌入米棗。

10
續加入葡萄乾。

11
再撒上白芝麻及海苔粉，仔細將材料拌勻。

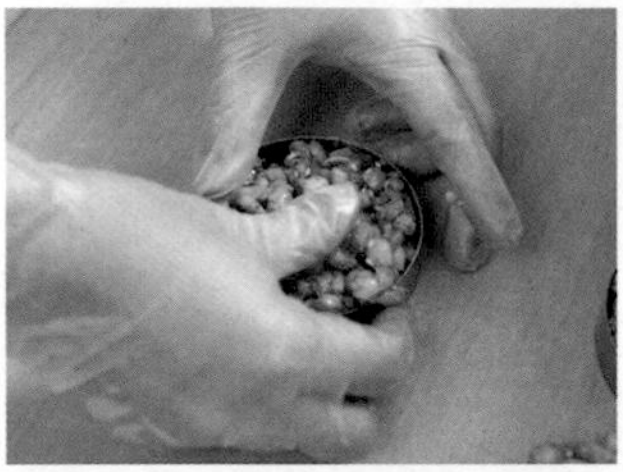

12
趁熱放入模型中定型。

13
要確實壓緊，以免脫模時鬆開。

14
待米棗冷卻後即可脫模再包裝。

油皮油酥麵糰做法

註：材料請使用各油皮油酥麵團產品所需配方。

P.116之後各個餅則有更詳細的步驟圖，可一併參照。

本書介紹的麵點中，使用油皮油酥麵糰之產品

太陽餅	P. 94	鳳梨酥	P. 116
厚牛舌餅	P. 96	蛋黃酥	P. 118
薄脆牛舌餅	P. 98	港式老婆餅	P. 122
蟹殼黃	P. 100	芋頭酥	P. 126
蘿蔔絲餅	P. 102	綠豆凸	P. 129
胡椒餅	P. 104		

1.油皮

1
油皮材料中的水、糖粉、豬油、白油放入大碗中。

2
再加入高筋及低筋麵粉，攪拌至麵糰呈光滑狀。

3
將麵糰取出鬆弛30分鐘。

2.油酥

1
低筋麵粉加入豬油。

2
以攪拌器拌成均勻麵糰。

3
麵糰取出鬆弛20分鐘備用。

3.組合

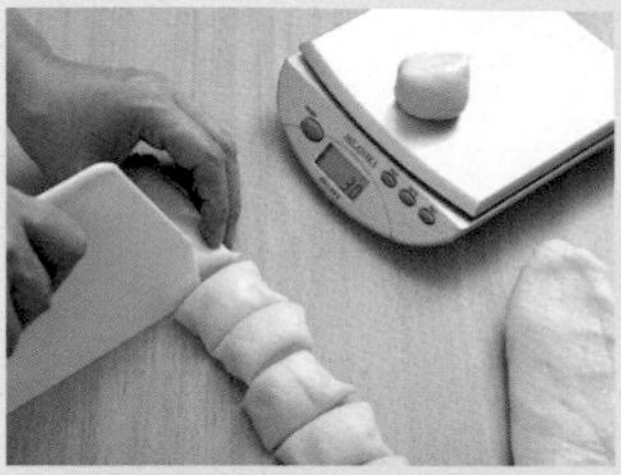

1
將油皮糰、油酥糰捏成長條，油皮糰切成每塊30g.，油酥糰切成每塊15g.。

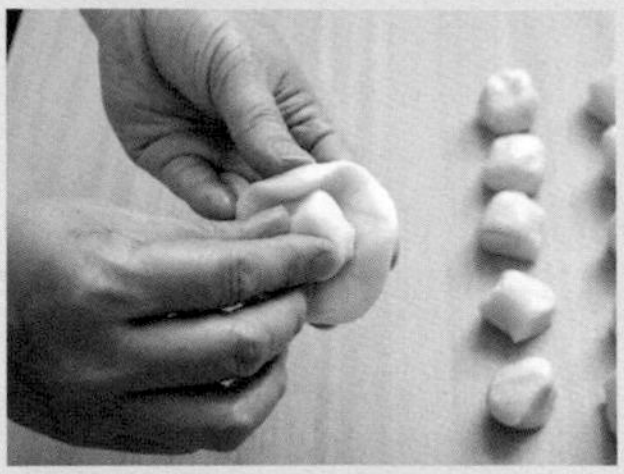

2
油皮稍壓平，中間包入油酥，接口朝上放置。

3
油酥皮用擀麵棍稍微壓平，擀開成12公分左右的長橢圓形，以手掌輕捲麵皮，約捲成一圈半。

4
再一次擀長麵皮，由上往下捲起約二圈半。

5
放置鬆弛約15分鐘以上。

年節伴手禮增加版

後記

手作點心的美味，自嚐送禮都合適

進入烘焙業已十餘年，我對烘焙充滿興趣，而且樂在其中。教學多年，課堂上總有不少學生表示，在中式麵點製作上碰到很多困難，而且百思不得其解。為了服務學生，偶爾也會推出單堂課或一系列的中式麵點課程，總是堂堂爆滿，我了解台灣人雖然受西方影響多年，熱愛麵包、蛋糕類食品，但終究還是離不開麵食。

在教學時，同學總是問：老師為什麼我的發糕發不起來？為什麼饅頭蒸出來會皺？為什麼烤太陽餅時會碰開？什麼是油皮油酥？為什麼要鬆弛？為什麼……？為什麼……？一連串的為什麼，其實就只是一些小小的觀念，只要觀念一通，中式麵點變化多端，絕對讓人樂在其中。因為教學之故，讓我想到一般人在製作中式麵點時，也一定會碰到這些問題。

恰好朱雀文化也想推出一本給中式麵點新手看的食譜書，於是我將這幾年來自己實做的心得，並整理了一些學生們最喜歡吃、最想學的品項，彙集成這本書。

本書包含麵糊、冷麵、燙麵、發麵及油皮油酥、油炸類，每道都有詳細的步驟圖解及貼心小叮嚀，讓讀者一個步驟一個步驟照著做，並有製作上需注意的細節，減少失敗的機率。

中式麵點製作看起來簡單，但其中有不少細節是需要注意的。這本書裡的每一項商品，我自己都親手做過幾十次，明白清楚讀者們會失敗的地方，所以設計了絕不會失敗的配方，即使是麵點新手，也絕對有八成以上的成功率。

而這本新手絕對不會失敗的配方、首次接觸中式麵點也能迅速上手的書自從上市以來，獲得許多讀者的喜愛，為了答謝喜愛中式點心的朋友，我特別在這次「年節伴手禮增加版」的改版中，加入了鳳梨酥、蛋黃酥、港式老婆餅、芋頭酥和綠豆凸等伴手禮餅類的五大天王。也特別拍攝了極為詳盡的步驟圖，希望每位讀者一學就會。當然市面上都有販售這些好吃的餅，但我相信親手製作更能掌握原料，而且隨時想做就做、想吃就吃。趕快翻開書一起做吧，佳節時分，就送親朋好友自己的手作餅吧！

吳美珠

超詳細步驟圖，
快翻到下一頁
開始操作吧！

鳳梨酥

手工製作的獨特口味，最佳的私房伴手禮！

成品：24 個

材 料

奶酥皮

奶油	160g.
糖粉	100g.
鹽	2g.
全蛋	60g.
蛋黃	2個
奶粉	60g.
細芝士粉	20g.
低筋麵粉	270g.

糖餡

鳳梨醬	400g.
土鳳梨醬	200g.

吳老師小叮嚀

1. 做法2.中必須分次加入，一次全部加入會油水分離，難以乳化。
2. 麵糊與麵粉拌合時，不要拌得太均勻，才能保持奶酥皮的酥鬆口感。使用電動攪拌器的話，建議用低速拌合。

做法

1 製作奶酥皮

奶油軟化後放入盆中，加入糖粉和鹽打發至變白且蓬鬆。

2

分次加入全蛋、蛋黃拌勻。

3

加入奶粉、芝士粉拌勻。

4

加入過篩的低筋麵粉拌合，拌至看不到粉粒即可。

5

取出拌好的奶酥皮，用塑膠袋包好壓平，冷藏鬆弛15分鐘，再分成每塊25g.。

6 處理鳳梨餡

將兩種鳳梨醬先疊放折在一起，再對折後拌好。

7

將鳳梨餡分成每塊25g.。

8 包餡、烘烤

將奶酥皮稍微壓平，放入鳳梨餡。

9

以虎口收緊，揉成一個個橢圓形。

10

模型排在不沾烤盤上。以直立方式將奶酥皮一口氣壓入模型中。

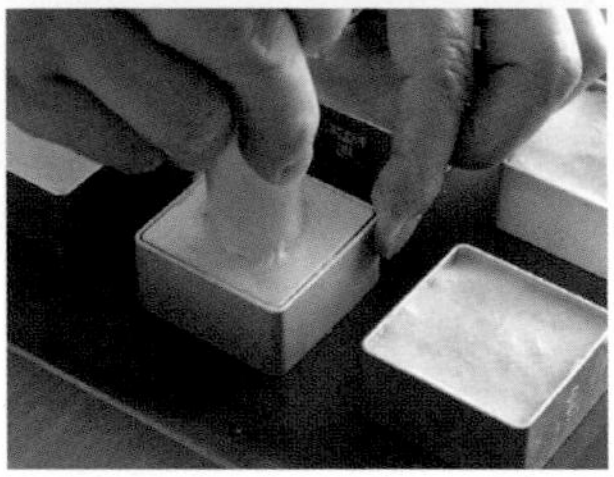

11

以鳳梨酥壓模將奶酥皮壓平。

12

放入烤爐，以上火200℃、下火230℃烤8～10分鐘，蓋上另一烤盤倒扣翻面，再烤5～6分鐘至呈金黃色。

蛋黃酥

黃金色澤的蛋黃酥香氣十足，是所有老饕最喜愛的中秋月餅。

成品：約60個

材 料

油皮

細砂糖	95g.
豬油	160g.
西點轉化糖漿	25g.
低筋麵粉	500g.
水	188g.

油酥

低筋麵粉	520g.
豬油	260g.

餡料

市售烏豆沙	1800g.
鹹蛋黃	30個
鹽	適量
米酒	適量
蛋黃液	適量
黑芝麻	適量

做 法

1 處理鹹蛋黃

鹹蛋黃放在烤盤上，拌入些許鹽。

2

以180℃烤至鹹蛋黃底部冒出小油泡，取出噴些許米酒，放涼後再切對半。

3 製作油皮

將細砂糖、豬油倒入盆中拌勻，再加入糖漿拌勻。

4

加入低筋麵粉、水。

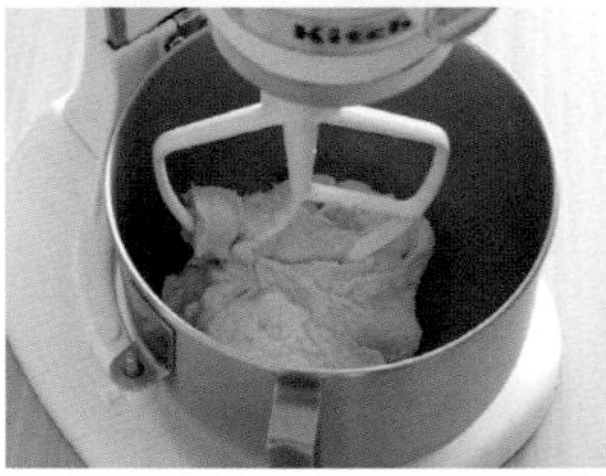

5

拌至麵團光滑，不沾手、不會黏盆子的狀態。

6 製作油酥
將低筋麵粉、豬油倒入盆中拌勻。

7
將揉好的油皮、油酥分別壓平，用塑膠袋蓋上，鬆弛15分鐘以上。

8 油皮包油酥
將油皮分成每塊16g.。

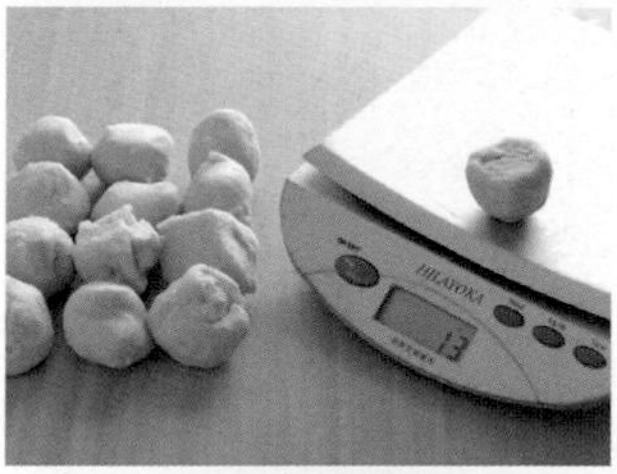

9
將油酥分成每塊13g.。

10
把油皮壓平，中間包入油酥後包起。

11
將包好油酥的油皮接口朝上放，用擀麵棍稍微壓平，擀開成約12公分的長橢圓形。

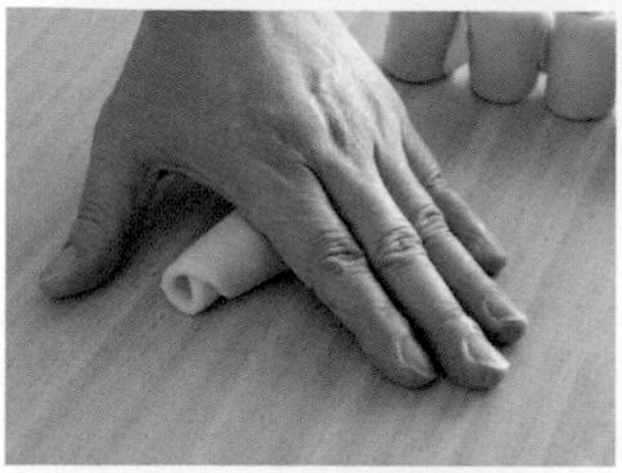

12
以手掌捲起麵皮，大約捲成一圈半。

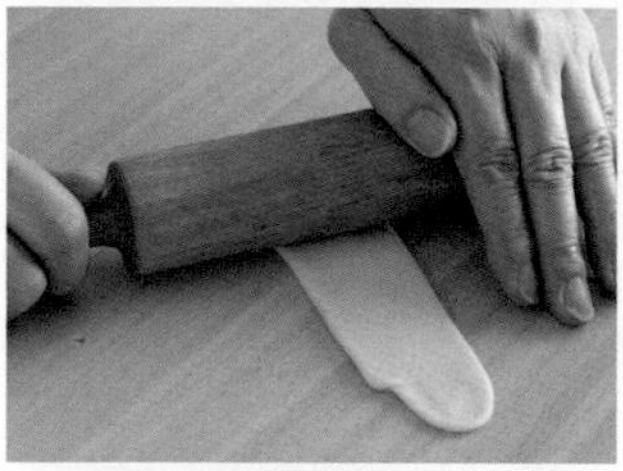

13
再次擀長麵皮。

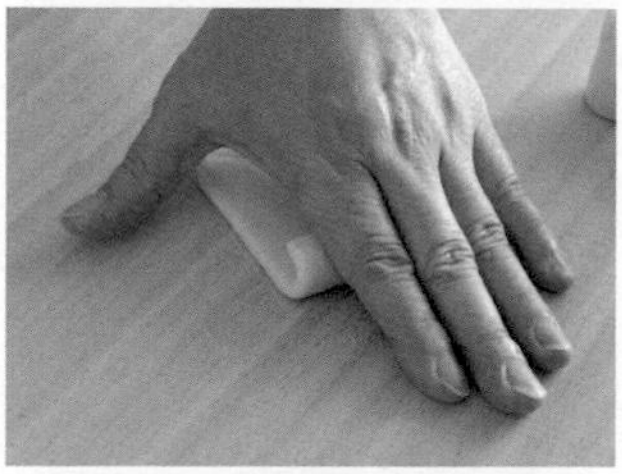

14
再次將麵皮捲起。

15
將麵皮立起，蓋上保鮮膜鬆弛15分鐘以上。

16 包餡、烘烤
將烏豆沙分成每塊30g.。

17
將鬆弛好的麵皮對角輕輕擀成圓片。

18
將每塊烏豆沙放在麵皮上，壓入鹹蛋黃。

19
以虎口收緊麵皮。

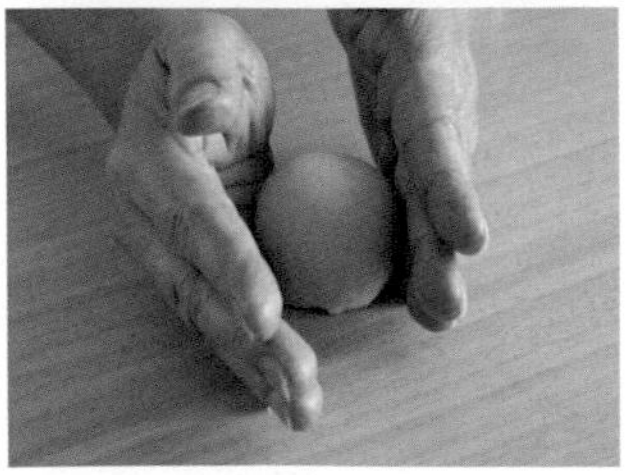

20
以手掌左右搓圓整型，收口朝下放，約鬆弛10分鐘。

吳老師小叮嚀

1. 製作油皮、油酥時需靜置鬆弛，可以使材料更充分融合且不黏手。
2. 如果油酥、油皮太軟不好操作，可以放入冰箱冷藏一下再使用。
3. 如果夏天製作的話，材料中的水可以換成冰水，室溫的水容易使油皮太軟，油水分離不易操作。
4. 做法7.中揉好的油皮、油酥的軟硬度，必須調整至相同。

21
刷上蛋黃液兩次。

22
頂端沾上黑芝麻，放入烤爐，以上火200℃、下火200℃烤20～25分鐘。

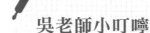

港式老婆餅

酥鬆的餅皮加上濃郁的糖餡，獨特風味的餅香令人一吃再吃。

成品：約48個

材料

油皮

細砂糖	110g.
無水奶油	180g.
西點轉化糖漿	30g.
低筋麵粉	570g.
水	215g.

油酥

低筋麵粉	600g.
無水奶油	300g.

糖餡

細砂糖	600g.
糕粉	300g.
軟化奶油	180g.
水	225g.

蛋黃液	少許

吳老師小叮嚀

1. 做法5.中揉好的油皮、油酥的軟硬度必須調整至相同。
2. 糕粉是熟糯米粉，轉化糖漿有保濕和上色的作用，可至烘焙材料行購買。

做法

1 製作油皮
將細砂糖、奶油倒入盆中拌勻，再加入糖漿拌勻。

2
加入低筋麵粉、水。

3
拌至麵團光滑，不沾手、不會黏盆子的狀態。

4 製作油酥
將低筋麵粉、奶油倒入盆中拌勻。

5
將揉好的油皮、油酥分別壓平，用塑膠袋蓋上，鬆弛15分鐘以上。

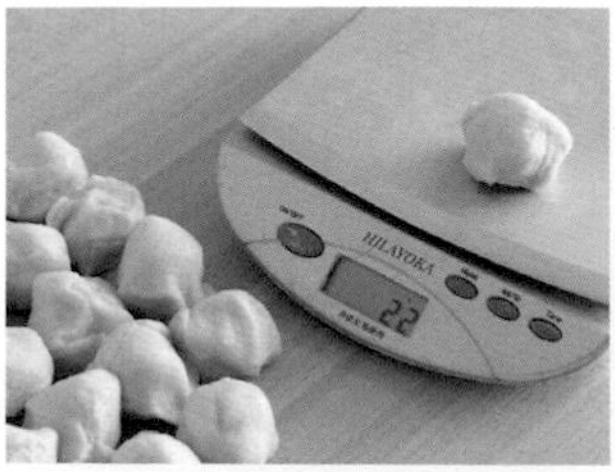

6 **油皮包油酥**
將油皮分成每塊22g.。

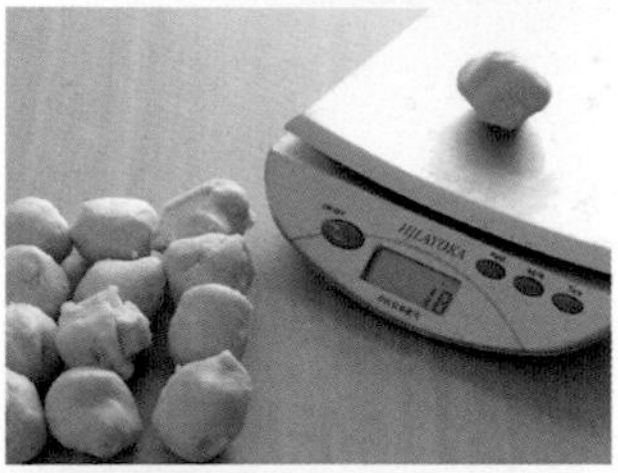

7
將油酥分成每塊18g.。

8 **油皮包油酥**
把油皮壓平，中間包入油酥後包起。

9
將包好油酥的油皮接口朝上放，用擀麵棍稍微壓平，擀開成約12公分的長橢圓形。

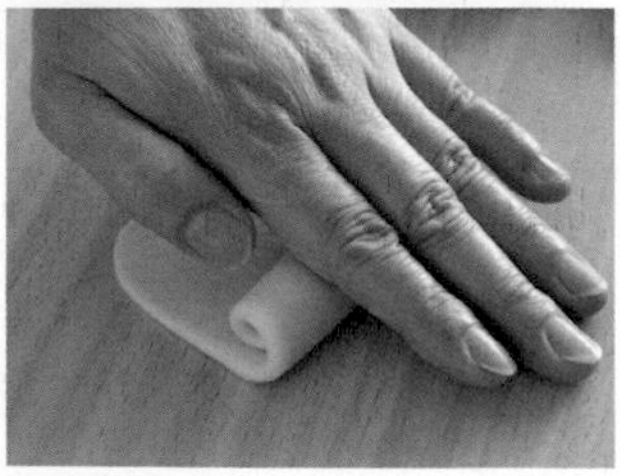

10
以手掌捲起麵皮，大約捲成一圈半。

11
再次擀長麵皮。

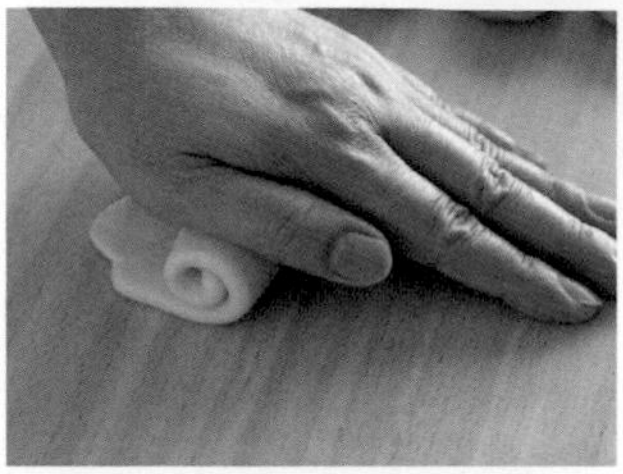

12
再次將麵皮捲起。

13
將麵皮立起，蓋上保鮮膜鬆弛15分鐘以上。

14
將鬆弛好的麵皮輕輕擀成圓片，準備包糖餡。

15 製作糖餡

將細砂糖、糕粉和奶油倒入盆中拌勻。

16

加入水拌勻。

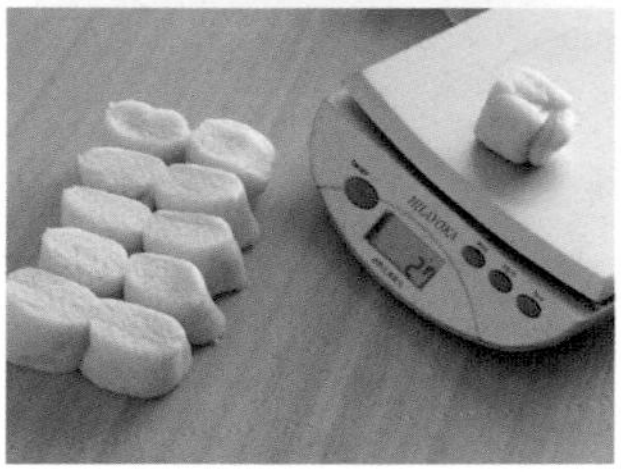

17

將糖餡分成每塊27g.。

18 包餡、烘烤

將鬆弛好的麵皮輕輕擀成圓片。

19

將每塊糖餡放在麵皮上。

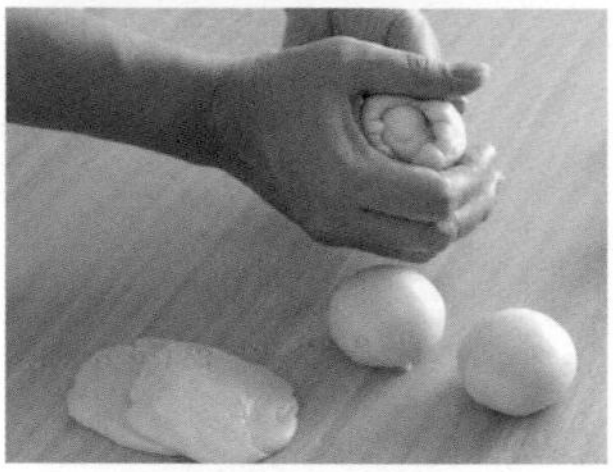

20

以虎口收緊麵皮。

21

收口朝下，用擀麵棍輕輕擀成圓扁平狀。

22

表面刷上兩次蛋黃液，放入烤爐，以上火200℃、下火210℃烤15～20分鐘。

芋頭酥

層層口感酥鬆的餅皮搭配綿密的芋頭餡，來杯清茶，抵擋不了的樸實美味。

成品：約36個

材料

油皮

糖粉	30g.
豬油	120g.
高筋麵粉	150g.
低筋麵粉	150g.
水	120g.

油酥

低筋麵粉	250g.
豬油	120g.
芋頭色素	適量

餡料

市售芋頭餡	1200g.
鹹蛋黃	18個

做法

1 製作油皮
將糖粉、豬油倒入盆中拌軟。

2
加入過篩的高筋麵粉、低筋麵粉，再倒入水拌勻。

3
拌至麵團光滑，不沾手、不會黏盆子的狀態，鬆弛15分鐘以上。

4 製作油酥
將低筋麵粉、豬油倒入盆中拌勻。

5
滴入芋頭色素拌勻。

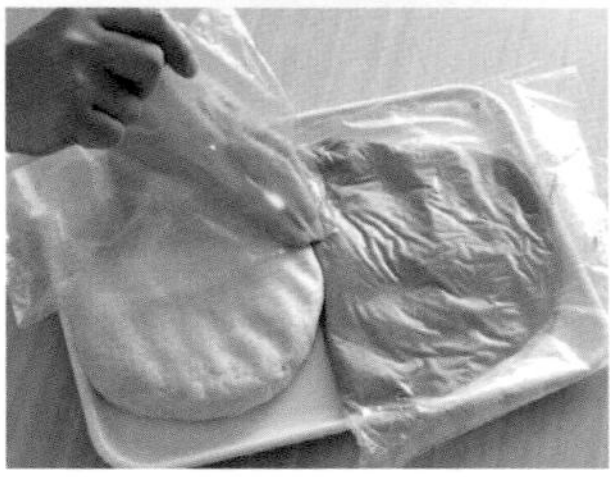

6
將揉好的油皮、油酥分別壓平，用塑膠袋蓋上，鬆弛15分鐘以上。

7 油皮包油酥
將油皮分成每塊30g.。

8
將油酥分成每塊20g.。

9
將芋頭餡分成每塊30g.，包入烤好切半的鹹蛋黃。

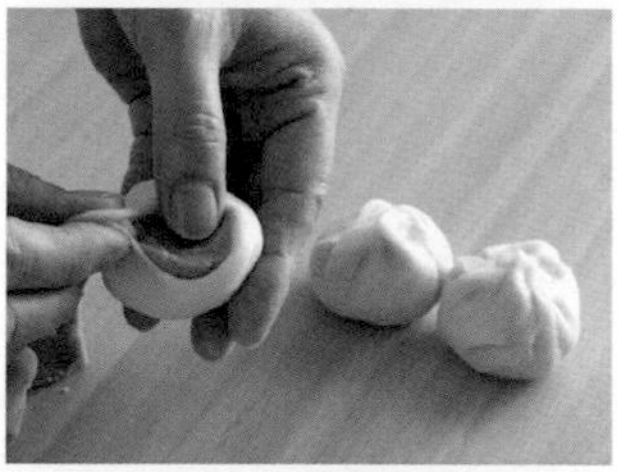

10
把油皮壓平，中間包入油酥後包起。

11
包好油酥的油皮接口朝上放，用擀麵棍稍微壓平，擀開成約12公分的長橢圓形。

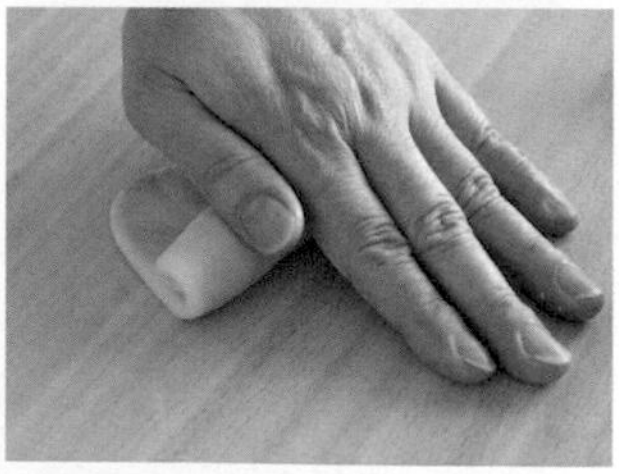

12
以手掌捲起麵皮，大約捲成一圈半。

13
再次擀長麵皮。

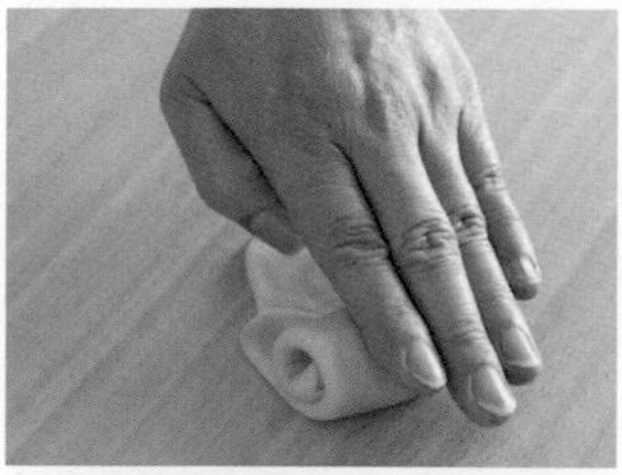

14
再次將麵皮捲起。

15
將麵皮對切一半。

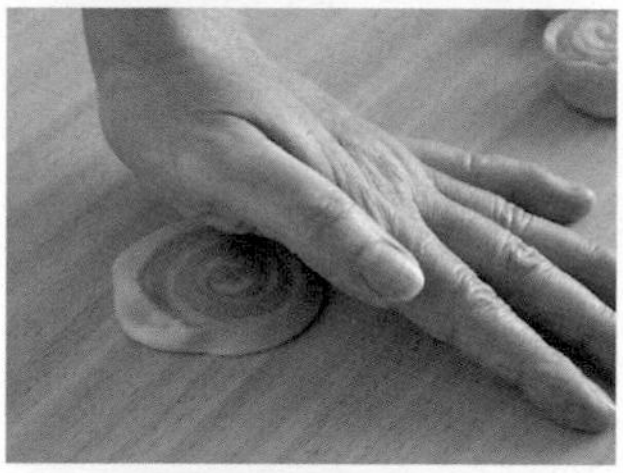

16
切半的麵皮切口朝上，將麵皮壓平，再擀成直徑8公分的圓片。

17
將麵皮切口朝外，內放入芋頭餡，將麵皮收口。

18
放入烤盤，以上火170℃、下火190℃烤20～25分鐘。

綠豆凸

又叫綠豆椪，香酥的餅皮入口即化，綿密的綠豆沙與咖哩肉末的完美餡料，甜中帶鹹，是中秋必嚐的美味。

成品：約20個

材料

油皮	
糖粉	12g.
豬油	120g.
中筋麵粉	300g.
水	120g.

油酥	
低筋麵粉	210g.
豬油	100g.

肉餡	
沙拉油	少許
碎豬絞肉	200g.
油蔥酥	90g.
白芝麻	30g.

調味料	
鹽	適量
醬油	適量
咖哩粉	適量
糖	適量

綠豆沙餡	
市售綠豆沙餡	800g.
無鹽奶油	50g.

做法

1 製作油皮
將糖粉、豬油倒入盆中拌軟。

2
加入過篩的中筋麵粉，再倒入水拌勻。

3
拌至麵團光滑，不沾手、不會黏盆子的狀態，鬆弛15分鐘以上。

4 製作油酥
將低筋麵粉、豬油倒入盆中拌勻。

5
將揉好的油皮、油酥分別壓平，用塑膠袋蓋上，鬆弛15分鐘以上。

6 準備餡料
鍋燒熱，倒入沙拉油，放入絞肉炒至變白，續入油蔥酥、壓破的白芝麻、鹽、醬油和咖哩粉拌勻，放涼。

7
將綠豆沙餡、奶油倒入盆中，攪打至軟且綿密。

8 油皮包油酥

將油皮分成每塊25g.，油酥分成每塊15g.，油皮壓平後放入油酥包起。

9

包好油酥的油皮接口朝上放，用擀麵棍稍微壓平，擀開成約12公分的長橢圓形。

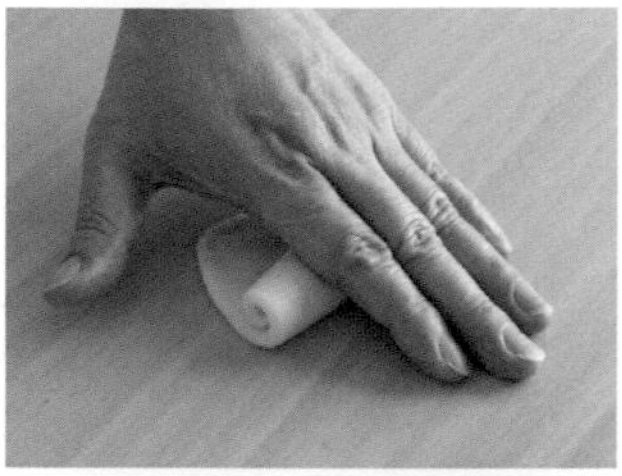

10

以手掌捲起麵皮，大約捲成一圈半。

11

再次擀長麵皮。

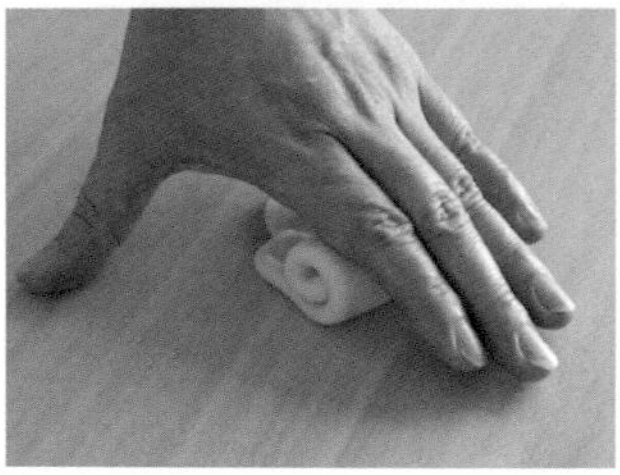

12

再次將麵皮捲起。

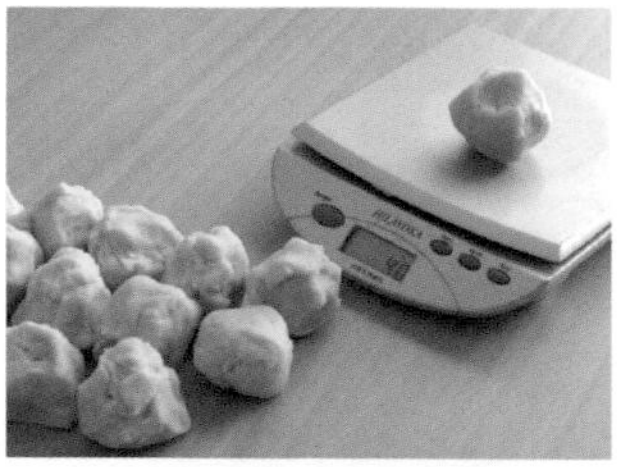

13 包餡

肉餡分成每塊15g.，綠豆沙餡分成每塊40g.。

14

將綠豆沙餡中間稍微壓一個洞。

15

舀入肉餡，以虎口收緊。

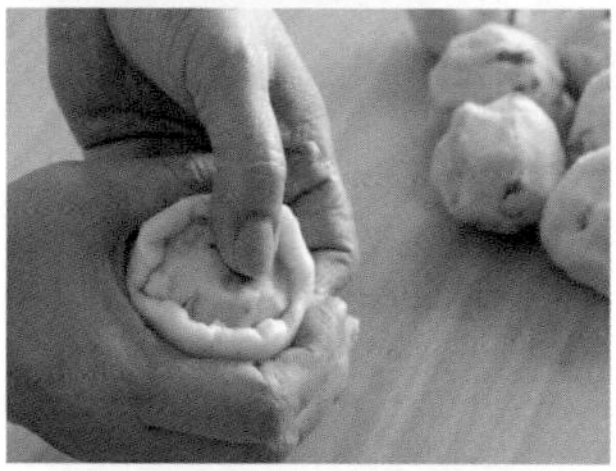

16

將餡料包入麵皮中，以虎口收緊。

17

收口朝下放在裁剪好的油紙上，以手掌壓平或是放入圓模中壓至模邊的大小。

18

在餅的表面中間蓋上紅色素印裝飾（也可省略），放入烤爐，以上火170℃、下火180℃烤20～25分鐘。

COOK50146

第一次做中式麵點 年節伴手禮增加版

中點新手的不失敗配方

國家圖書館出版品預行編目資料

第一次做中式麵點 年節伴手禮增加版
—中點新手的不失敗配方
吳美珠 著.一初版一台北市：
朱雀文化，2015〔民104 〕
面； 公分，--（Cook50；146）
ISBN 978-986-6029-97-4 （平裝）
1.麵食食譜 2.點心食譜
427.38

出版登記北市業字第1403號

作者■吳美珠
攝影■張緯宇、林宗億
美術■鄭寧寧、鄧宜琨
編輯■劉曉甄、彭文怡
校對■連玉瑩
行銷企劃■石欣平
企畫統籌■李橘
總編輯■莫少閒
出版者■朱雀文化事業有限公司
地址■台北市基隆路二段13-1號3樓
電話■(02)2345-3868
傳真■(02)2345-3828
劃撥帳號■19234566 朱雀文化事業有限公司
e-mail■redbook@ms26.hinet.net
網址■http://redbook.com.tw
總經銷■大和書報圖書股份有限公司 （02）8990-2588
ISBN■978-986-6029-97-4
增訂初版一刷■2015.10.01
■
定價■299元
出版登記■北市業字第1403號